CATÉCHISME

AGRICOLE

RÉDIGÉ

Par M. le Dr CUNISSET

CONSEILLER GÉNÉRAL POUR LE CANTON DE POUILLY-EN-AUXOIS

En conformité des délibérations du Conseil général en dates des 5 avril et 23 août 1875.

> O fortunatos nimium, sua si bona norint !
> Agricolas !

DIJON

IMPRIMERIE EUGÈNE JOBARD

1877

CATÉCHISME

AGRICOLE

RÉDIGÉ

Par M. le Dr CUNISSET

CONSEILLER GÉNÉRAL POUR LE CANTON DE POUILLY-EN-AUXOIS

En conformité des délibérations du Conseil général en dates des 5 avril et 23 août 1875.

———◦※◦———

DIJON
IMPRIMERIE EUGÈNE JOBARD
—
1877

AVANT-PROPOS

Dans sa session d'août 1874, sur la proposition de MM. Ally, Louis Bordet, Misset et Mauris, le Conseil général de la Côte-d'Or ayant décidé que, pour vulgariser les connaissances diverses nécessaires aux agriculteurs, les écoles primaires seraient pourvues d'un livre qui, sous forme de Catéchisme, renfermerait ce qui concerne l'économie rurale du département, nous nous sommes chargé de la rédaction de ce volume.

Puisse ce petit traité, qui est loin d'être complet et n'a pas de prétention scientifique, être profitable aux jeunes gens de la campagne et leur inspirer le goût des travaux des champs : ce serait pour nous une bien grande satisfaction.

CATÉCHISME AGRICOLE

RÉDIGÉ

Par M. le Dr CUNISSET

CONSEILLER GÉNÉRAL POUR LE CANTON DE POUILLY-EN-AUXOIS

En conformité des délibérations du Conseil général en dates des 5 avril et 23 août 1875.

GÉNÉRALITÉS.

Qu'est-ce que l'agriculture ?

L'agriculture est l'art de cultiver la terre, c'est-à-dire de la travailler et de l'aménager pour en retirer aux moindres frais le plus de produits possibles.

En combien de branches se divise l'agriculture ?

En quatre branches principales qui sont : 1° l'agriculture proprement dite, ou culture des champs ; 2° la viticulture ou culture des vignes ; 3° l'horticulture ou culture des jardins ; 4° la sylviculture ou culture des forêts.

CHAPITRE Ier.

Des sols et sous-sols.

Qu'appelle-t-on sol, et qu'est-ce qui constitue le sol ?

On appelle sol la couche superficielle de la terre qui est cultivée. Le sol est constitué de débris organiques produits par la décomposition des végétaux et des animaux : c'est l'humus ; ainsi que de débris inorganiques, qui sont des parcelles détachées du globe terrestre, sous les actions combinées de l'air, du soleil, des eaux, des gelées et des labours. Plus les sols sont profonds et plus ils sont facilement cultivables. La qualité du sol varie avec sa composition, sa profondeur et son exposition.

Comment se divisent les sols au point de vue de leur composition ?

Dans le département de la Côte-d'Or les sols se divisent en : 1° sols sablonneux, secs, perméables et d'une dessiccation facile, composés de grains très durs et sans liaison, tantôt calcaires et tantôt granitiques, selon qu'ils proviennent de la désagrégation de roches granitiques ou calcaires ; 2° sols argileux, durs, compactes, humides en général, car ils retiennent aisément l'eau, tandis qu'ils sont lents à se dessécher; une fois secs, ils se crevassent facilement ; 3° sols calcaires, perméables, se divisant avec facilité, et bouillonnant au contact des acides, parce qu'ils contiennent de la chaux carbonatée. — Le plus souvent les sols sont mélangés et reçoivent d'autres noms selon leur mélange : ainsi nous avons des terrains argilo-calcaires composés de sol argileux et de sol calcaire ; des terrains argilo-sablonneux, mélange de sol argileux et de sol sablonneux, etc., etc. — On donne parfois aux différents sols des noms tirés de qualités diverses : ainsi, on appelle d'alluvion celui qui a été formé par le séjour de l'eau ; sol léger celui où le sable domine ; terre franche celle qui réunit les divers éléments des sols et où prédomine l'argile ; sol froid celui qui renferme surtout de la glaise pure et profonde ; terre marécageuse celle qui retient les eaux parce qu'elle est placée sur un sous-sol imperméable, etc.

Qu'appelle-t-on sous-sols, et quelle est leur influence sur les sols ?

Les sous-sols sont les terrains qui se trouvent sous la couche arable ou végétale du sol. Ils ont sur le sol une grande influence, suivant leur composition intime et leur structure physique. Un sous-sol argileux, par exemple, non absolument imperméable, conservera la fraîcheur d'un sol sablonneux ; si, au contraire, le sol est argileux et le sous-sol sablonneux, ce dernier enlève au sol argileux les eaux qu'il retient. Autre influence : les labours détachent des fragments du sous-sol qui deviennent des éléments de fertilité, etc.

Maintenant que nous connaissons ce qu'est l'agriculture et la matière qu'elle exploite, étudions les forces et les instruments qu'elle emploie pour son travail.

CHAPITRE II.

Forces et instruments employés pour la préparation du sol.

Quelles sont les forces utilisées en agriculture ?

La main de l'homme, et certains animaux domestiques. Dans quelques contrées on se sert aussi de machines à vapeur, mais, dans notre département, l'irrégularité du sol et son grand morcellement, permettent difficilement l'usage de cette force.

Quels instruments emploie l'agriculture pour travailler la terre ?

L'homme travaillant seul se sert de bêches, pioches et houes de formes variées.

Les principaux instruments mus par les animaux sous la direction de l'homme sont au nombre de sept, ce sont :

1º La charrue, qui de tous les outils pour travailler la terre est le plus important et le plus ancien ; son travail s'appelle labour. Elle est composée de plusieurs pièces : *A*, le soc, lame de fer généralement triangulaire, qui pénètre horizontalement dans la terre et la soulève par bandes ; *B*, le coutre, lame de fer étroite, tranchante, placée en avant du soc et perpendiculairement à lui, pour couper les bandes de terre que le soc soulève ; *C*, le versoir, fer recourbé adapté au soc et qui renverse la terre et la retourne. Ces trois pièces opèrent directement le travail, elles sont mises en mouvement par les animaux au moyen d'autres pièces qui transmettent les forces de traction, ce sont : *D*, l'age ou haie, tige de bois plus ou moins longue, qui adhère aux pièces de travail direct, et porte à son extrémité antérieure l'attache de la traction, à son extrémité postérieure les mancherons avec lesquels le laboureur dirige la charrue ; *E*, le régulateur qui baisse ou élève l'age et permet ainsi de varier l'épaisseur de la bande de terre que l'on veut soulever ; l'age est uni à la partie postérieure du soc *F*, nommé talon ou cep, par des barres rigides perpendiculaires *G*, qu'on appelle étançons. Un avant-train à deux roues supporte l'age de la charrue. Au milieu de l'avant-train est placée une pièce mobile qui reçoit la volée d'attelage et permet de régler la largeur de la raie. — Certaines charrues destinées à opérer dans des circonstances spéciales, sont dépourvues d'avant-train : par exemple l'araire, qui demande moins de force de traction, est mieux en main, plus aisé à conduire, tourne plus court et donne un meilleur travail dans les terrains accidentés.

Il est parfois utile de fouiller le sol très profondément ; dans ce cas, quand on a fait une raie avec la charrue ordinaire, on repasse sur la même raie avec une charrue sans versoir nommée fouilleuse. Cette opération, appelée royolage, ameublit bien le sol et procure aux racines des plantes un très grand parcours.

2° La herse, instrument de bois ou de fer, muni de dents rangées sur des pièces parallèles. On la traîne sur la terre préalablement labourée, afin de l'ameublir en la divisant davantage. La herse sert encore à recouvrir les semences qui ne demandent pas à être enfouies profondément dans le sol. Enfin elle extirpe et entraîne les mauvaises herbes déracinées par la charrue. On doit préférer la herse articulée qui se moule exactement sur les inégalités de terrain.

3° L'extirpateur, qui ressemble à la herse, a des dents plus recourbées, plus longues et plus fortes. Son rôle est de déraciner et d'extirper les plantes nuisibles.

4° Le rayonneur, autre sorte de herse montée sur des roues, porte des dents armées de petits socs, destinés à creuser des raies peu profondes pour recevoir les graines que l'on veut semer en ligne.

5° La houe à cheval est un instrument avec lequel on sarcle les mauvaises herbes, en même temps que l'on donne un labour superficiel. Mais on ne peut l'employer que dans des semis en rayons.

6° Le buttoir, charrue à deux versoirs mobiles, qui sert à butter et à rechausser les plantes en lignes, procure une grande économie de main-d'œuvre.

7° Le rouleau, cylindre de bois, de pierre ou de fonte, attaché à un châssis de bois qui porte un brancard d'attelage, a pour destination de perfectionner le travail de la herse en écrasant les mottes qui ont résisté à son action. Le rouleau assujettit les graines ; en nivelant et tassant le sol, il facilite l'usage des instruments ou machines employés pour la récolte.

CHAPITRE III.

Des animaux domestiques.

Qu'entend-on par animaux domestiques ?

Par animaux domestiques on entend le bétail nourri et élevé dans les exploitations agricoles, en y comprenant les animaux de basse-cour. — Le bétail est un puissant auxiliaire pour les travaux des champs, c'est un des produits les plus importants d'une exploitation ; il fournit, en outre, la plupart des engrais indispensables à la terre.

Ne désigne-t-on pas deux sortes de bétail ?

Oui, il y a les bêtes de travail qui mettent en mouvement les instruments aratoires, font les charrois, et les bêtes de rente dont le cultivateur tire parti en les vendant après les avoir engraissées, ou en trafiquant de leurs produits.

Quelles sont les bêtes de travail employées dans notre département ?

Ces bêtes sont : le cheval, le mulet et l'âne, qui appartiennent à l'espèce chevaline ; le bœuf et la vache, qui appartiennent à l'espèce bovine.

Qu'entendez-vous par espèce ?

On entend par espèce un ensemble d'animaux qui ont plus de rapports entre eux qu'avec les autres dans leurs formes extérieures et dans leur organisation intime.

Qu'entendez-vous par race ?

Le nom de race est donné, au contraire, à un ensemble d'animaux de même espèce, qui présentent des différences avec les autres animaux de la même espèce ; ces différences une fois produites, se perpétuent par la reproduction. Un sujet est de race pure quand il descend de la souche même de la race sans aucun croisement ; il est dit de race croisée quand c'est un produit de plusieurs races différentes.

Parlez-nous de l'espèce chevaline.

Le cheval est celui des animaux qui rend le plus de services à l'agriculture comme bête de trait ; et comme animal de rente, c'est un de ceux dont l'élevage est le plus rémunérateur. — Les chevaux peuvent se diviser en deux types principaux : le cheval de trait et le cheval de course. Les deux races qui peuvent bien représenter ces deux types, sont la boulonaise pour le cheval de trait ; l'anglaise pour le cheval de course. Le boulonais est large, ramassé ; il présente tous les caractères de la force et de la pesanteur ; sa croupe est courte et fort oblique, elle est, comme on dit vulgairement, avalée ; ses reins et son dos sont trapus, et l'épaule, qui n'a pas la longueur de celle du cheval fin, se rapproche davantage de la ligne verticale. — Le cheval anglais possède une conformation opposée : il est mince, long et présente tous les caractères de la légèreté. En dehors de ces deux types, il existe un certain nombre d'autres races, dont nous allons énumérer les principales. Ce sont, pour les chevaux de trait, les races poitevine ou mulassière, franc-comtoise, percheronne et bretonne ; pour les chevaux légers, les races navarine, limousine, auvergnate, normande, andalouse et arabe.

Les chevaux proviennent-ils tous des races que vous venez d'énumérer ?

Ces races ont produit de nombreux croisements plus ou moins éloignés des types originaires, et auxquels on demande tous les services que le cheval peut rendre. L'éleveur doit choisir avec soin les croisements, suivant qu'il désire obtenir des bêtes de rente ou des bêtes de travail, ou produire des bêtes de trait ou des chevaux légers.

Quelles sont les conditions de l'élevage du cheval ?

Toutes les régions du département ne sont pas également propres à l'élevage du cheval. Il faut des pays qui possèdent de nombreux pâturages, car pour bien se développer et acquérir un bon tempérament, le poulain doit être élevé en liberté. Celui qui sera élevé en stabulation ne sera jamais aussi souple et aussi robuste que l'autre. Il convient de donner aux poulains des pâturages élevés, des terrains sains, qui lui procureront des membres secs et nerveux, tandis que les prairies humides favorisent, chez le cheval, certaines maladies.

Comment peut-on reconnaître l'âge du cheval ?

L'âge du cheval est indiqué avec une certaine rigueur par l'évolution et la forme des dents. — Le poulain naît avec deux molaires ou grosses dents de chaque côté et à chaque mâchoire : peu de jours après, paraissent les deux incisives antérieures (les pinces), puis une troisième paire de molaires. A trois ou quatre mois, sortent les deux incisives mitoyennes ; entre six mois et demi et huit mois, les incisives latérales (les coins), ainsi qu'une quatrième paire de molaires. A ce moment, la première dentition est complète. Jusqu'à trois ans nul changement ne se produit, si ce n'est l'usure des incisives ; par suite de cette usure, la tache noire (la germe de fève), que présente la fossette de leur surface terminale, disparaît peu à peu. De treize à seize mois, les pinces rasent, c'est-à-dire que la fossette s'efface ; de seize à vingt mois les incisives mitoyennes rasent, et les coins de vingt à vingt-quatre mois. — Peu de temps après commence la seconde dentition : aux dents de lait, qui sont courtes, blanches, rétrécies près de la gencive, succèdent des dents plus larges et sans rétrécissement. A deux ans et demi ou trois ans, les pinces tombent et sont remplacées ; les incisives mitoyennes tombent un an après, tandis que se montrent pour la première fois les canines inférieures (crochets), dont les juments sont ordinairement dépourvues, ou n'en possèdent qu'à l'état rudimentaire, sans éminences ni cannelures. De quatre ans et demi à cinq ans, les coins se renouvellent, les canines supérieures apparaissent, ainsi que la quatrième paire de molaires. Les incisives de remplacement présentent, comme celles de lait, au centre de leur surface terminale ou table, une tache noire, indice de l'âge. De cinq à six ans, les pinces de la mâchoire inférieure rasent ; l'année suivante, ce sont les incisives mitoyennes, puis de sept à huit ans, les coins. L'usure des incisives supérieures se fait dans le même ordre, mais retarde d'environ une année. Ces changements une fois opérés, on n'a plus de signes certains de l'âge du cheval, il ne marque plus, il est hors d'âge ; les dents donnent cependant encore certains indices : ainsi, de neuf à douze ans, la table des dents devient ronde d'ovale qu'elle était ; de treize à dix-sept ans, elle devient triangulaire, et de dix-sept ans à vingt-quatre ans bi-angulaire, avec aplatissement d'un côté à l'autre des incisives inférieures. — Un cheval bien soigné et non surchargé de travail, peut vivre au-delà de trente ans. Entre les dents canines et les molaires au niveau de l'angle des lèvres, est un grand espace vide, qu'on appelle *les barres,* où se place le mors avec lequel l'homme est parvenu à dompter cet animal. L'époque de la puberté chez le cheval arrive à deux ans ou deux ans et demi. La durée de la gestation est de onze mois.

Comment nourrit-on les chevaux?

Avec les foins, l'avoine et la paille. Un cheval de moyenne taille s'entretient bien avec 6 à 8 kilogrammes de foin, 5 kilogrammes de paille et 5 kilogrammes d'avoine. Mais si le cheval doit supporter un surcroît de travail, il faut augmenter la ration d'avoine, ou bien y joindre soit de la farine d'avoine, soit du son. Une trop grande quantité de fourrage sec gonfle l'estomac des chevaux et les dispose à la pousse. Quand les chevaux sont trop vieux, ou mangent trop vite, ils digèrent mal l'avoine, il faut avoir soin de la concasser. Pour qu'un cheval soit bien entretenu, il faut lui donner ses rations régulièrement, le panser souvent et avec soin, le traiter avec douceur et lui donner des harnais propres qui s'adaptent parfaitement à son corps. Un cheval bien entretenu doit fournir par jour huit à neuf heures de travail, que l'on doit autant que possible diviser en deux attelées.

Parlez-nous de l'âne et du mulet.

De même espèce que le cheval, c'est-à-dire de l'ordre des pachydermes, famille des solipèdes, l'âne est originaire des pays chauds, où sa taille se développe; ses formes sont élégantes, ses mouvements vifs et son allure légère. Dans notre département, la race est appauvrie par les mauvais traitements; mais sobre et robuste au travail, elle rend encore de grands services. La France en possède plusieurs races, entre autres celle du Poitou et celle de Gascogne; il y a dans ces pays des ânes dont la taille atteint jusqu'à un mètre cinquante centimètres. L'âne se nourrit comme le cheval, et ses dents sont, comme celles du cheval, indicatrices de son âge, elles suivent la même évolution.

Le mulet est le produit de l'accouplement de l'âne avec la jument. Le bardeau, autre sorte de mulet, est le produit du cheval avec l'ânesse. Le mulet se nourrit comme le cheval, s'emploie aux mêmes usages. Il ne se trouve dans la Côte-d'Or qu'accidentellement.

Parlez nous de l'espèce bovine.

Le bœuf, élevé comme animal domestique, présente les caractères suivants : cornes rondes, dirigées latéralement et relevées en pointes ; lèvres grosses, qui ne permettent à l'animal que de couper les herbes un peu hautes ; front large, couvert d'un poil crépu, et portant en général un épi au milieu ; cou gros, court, dirigé horizontalement ; corps massif, jambes courtes, genoux épais, jarrets larges et évidés, dos presque horizontal, un pli de peau, le fanon descend du cou entre les jambes.

L'âge du bœuf peut s'apprécier à ses cornes, qui croissent pendant toute sa vie et portent des nœuds annulaires indicateurs des années ; on commence à les compter par la pointe, en n'oubliant pas que les anneaux et sillons des deux premières années sont effacés dès l'âge de cinq ans ; mais la dentition offre des indices plus sûrs. Le bœuf adulte a 36 dents à la mâchoire inférieure : 24 grosses molaires, 4 petites molaires supplémentaires et 8 incisives. La mâchoire supérieure, dépourvue de dents, porte un gros bourrelet cartilagineux contre lequel les incisives prennent un point d'appui quand elles coupent le faisceau d'herbes ramassé par la langue. La dentition du bœuf se divise en deux périodes : 1° naissance et usure des dents caduques ; 2° naissance et usure des dents de remplacement. Les dents caduques, qui apparaissent avant la naissance, ou peu de temps après, complètent leur évolution en quinze ou vingt jours. Le rasement des pinces a lieu en six ou sept mois, c'est alors que le mâle prend le nom de bourre et la femelle celui de velle. De onze à treize mois, rasement des premières mitoyennes : le bourre devient bourret et la velle bourrette. De quatorze à seize mois, rasement des secondes mitoyennes ; après seize mois, les incisives caduques ne sont plus que des chicots vacillants. De dix-neuf à vingt mois, les pinces de remplacement sortent de travers : on dit alors que l'animal a fait ses deux pelles : le mâle est alors devenu taureau, et la femelle génisse. Entre deux ans et trois ans et demi naissent les deux premières mitoyennes, entre trois ans et demi et quatre ans les secondes. De quatre ans et demi à cinq ans, sortent les coins de remplacement. De cinq ans et demi à six ans, la rangée des incisives s'arrondit, et le rasement du bord tranchant des pinces se produit. A six ans, le nivellement des pinces est très avancé. Les premières mitoyennes rasent de six ans et demi à sept ans ; les secondes de sept ans et demi à huit ans : alors le nivellement des pinces est complet. Entre huit et neuf ans, les coins rasent, et la table des pinces présente une concavité qui correspond à la convexité du bourrelet de la mâchoire supérieure. De onze à douze ans, l'étoile dentaire devient carrée sur toutes les dents, les incisives s'écartent. Entre douze et quatorze ans, l'étoile dentaire s'arrondit et l'usure se prolonge vers le bord interne des pinces. De quatorze à dix-sept ans, la table dentaire des mitoyennes et des pinces est usée, la dent devient triangulaire et vacillante; il ne reste que de courts chicots jaunâtres et écartés. Dix-huit ans est un âge que le bœuf ne dépasse guère.

Le bœuf est une bête de travail en même temps qu'une bête de rente ; on peut donc lui demander, soit l'aptitude au travail, soit l'abondance du lait pour la femelle, soit la facilité à l'engraissement.

Le bœuf est moins intelligent que le cheval, mais il est susceptible d'éducation ; il obéit à la voix et s'attache à son maître; il faudra donc, quand on voudra le dresser, employer la douceur et les caresses qui le rendront obéissant.

A quel âge peut-on utiliser l'espèce bovine pour le travail?

Vers l'âge de deux ans et demi à trois ans. Dans la Côte-d'Or, on ne se sert, pour atteler les bêtes à cornes, que du joug ; cet attelage est léger, il coûte peu et maintient bien les animaux.

Le département possède-t-il plusieurs races de bœufs?

Dans la Côte-d'Or on rencontre plusieurs races de bœufs qui peuvent donner un bon travail : 1° la race du Morvan, spéciale à cette contrée, forte, robuste et sobre, mais capricieuse et sournoise; son pelage est le plus souvent rougeâtre ; 2° la race niverno-charollaise, élevée surtout dans l'Auxois et une partie du Morvan ; elle est blanche, haute environ de 1^m35 à 1^m45, pèse en moyenne de 370 à 380 kilos ; ses cornes sont grosses et courtes, verdâtres ; ses yeux sont mobiles et doux, ses oreilles horizontales et velues, son ventre volumineux et ses extrémités courtes. Après avoir fait un excellent service comme bête de labour, le bœuf charollais s'engraisse facilement, sa viande est très recherchée ; 3° les races comtoises, qui, dans notre département, sont : *a* la tourache répandue seulement dans les environs de Pontarlier ; elle est peu laitière, son cuir est dur et son pelage rouge foncé ; *b* la femeline, race très estimée ; on la rencontre surtout le long de l'Ognon et de la Saône. Son poil est fromenté, c'est-à-dire châtain clair ; sa tête est étroite, mince ; ses yeux sont rapprochés et peu écartés des cornes ; ses naseaux, peu étalés, sont couleur de chair ; le cou est grêle, le fanon peu pendant, la poitrine ovale, le train de derrière large ; les cuisses sont saillantes, son corps est allongé et sa taille est élevée. Les femelins sont dociles, propres au travail, et donnent beaucoup de lait ; 4° la race Schwitz se rencontre dans la Côte-d'Or en assez grand nombre, surtout aux environs des villes et dans les régions montagneuses où l'élevage ne se pratique pas en grand ; mais là, ce sont leurs qualités laitières qui les font préférer. Les schwitz sont de couleur variable, plutôt bai-brun avec une raie fauve sur le dos et du poil de même couleur dans les oreilles ; leur tête est large, carrée, le chignon bien prononcé ; les cornes sont fortes et noires, les yeux vifs, le chanfrein est large et charnu, l'encolure courte, le fanon bien détaché ; le poitrail et les épaules sont larges, les membres musclés, les côtes arrondies, les extrémités fortes, les tendons saillants ; enfin, le corps est allongé et le dos horizontal.

Chaque pays doit rechercher la race qui s'approprie le mieux à son climat, à ses besoins et aux productions du sol.

Indépendamment de ces races, le département possède une grande variété de croisement, parmi lesquels le cultivateur pourra aisément choisir des bêtes d'aptitudes diverses, selon qu'il voudra en obtenir spécialement du lait, du travail ou de la viande, ou qu'il recherchera la réunion de ces diverses qualités. On a prétendu que les qualités laitières d'une vache étaient proportionnelles à l'étendue de l'écusson, c'est-à-dire cette partie du poil qui, partant du milieu des trayons, remonté en arrière, est plus clair que le reste du pelage et s'incline de bas en haut.

La gestation de la vache est d'environ 275 jours. Il faut que le veau tette au moins 45 jours quand on le destine à la boucherie, un temps indéterminé quand on le destine à l'élevage ; mais plus le sevrage est retardé, et mieux l'animal se développe.

Parlez-nous de l'espèce ovine.

Le mouton, *bête blanche*, *bête à laine*, est l'animal de rente par excellence. Indépendamment de la laine et du cuir très estimés qu'il fournit, il est une des principales sources de l'alimentation de l'homme. Le mâle adulte est le bélier, la femelle adulte la brebis. On appelle antenois, antenoise, le bélier et la brebis arrivés à 12 ou 15 mois ; agneau, agnelle, quand ils sont plus jeunes, et mouton, le bélier castré.

Y a-t-il plusieurs catégories de moutons ?

Il faut distinguer deux catégories de moutons, les producteurs de viande et les producteurs de laine. Les animaux qui proviennent du croisement de ces deux catégories s'appellent métis ; ils participent aux deux qualités.

Notre département élève le mouton sur une échelle considérable. Sur les plateaux des montagnes, surtout dans le Châtillonnais, on rencontre la race métis-mérinos ; le dishley et le south-down, qui en dérivent, sont élevés dans les pays à gras pâturages ; celui-ci est remarquable par la facilité avec laquelle il s'engraisse. Dans le Morvan, il existe une race particulière, petite, sobre, qui réussit bien dans les terrains arides ; sa laine est longue, mais commune, et sa chair est excellente. C'est la nature du terrain qui guidera le cultivateur dans le choix de la race qu'il devra élever. Toutes les races de mouton réussiront bien dans les pays élevés, à plateaux secs, à terrains perméables. Mais dans les terres fortes, qui donnent de gras pâturages, c'est la spéculation de la viande qui sera la plus avantageuse. Le mouton de boucherie doit avoir la tête fine, étroite ; le cou court, la poitrine large, le dos sur une ligne horizontale, les jambes peu élevées et la laine lisse. Au contraire, le mouton destiné à produire des laines fines doit avoir les formes du corps plus anguleuses, le cou plissé, la laine frisée, ondulée, à brins fins, et la toison tassée.

Quelle nourriture convient aux bêtes ovines ?

Les bêtes ovines mangent les fourrages et leurs différents mélanges verts ou secs, les racines, les graines concassées, la paille hachée ; mais la meilleure nourriture pour le mouton, c'est le pâturage en plein air. Dix têtes de l'espèce ovine consomment une nourriture égale à celle que consomme une tête de gros bétail.

Parlez-nous de l'espèce porcine.

Le porc est, comme le mouton, un animal de rente

seulement. Sa chair, sous le nom de lard, est l'aliment le plus répandu dans nos campagnes. Sa viande se consomme sous les formes les plus variées. Son engraissement est facile et rapide, parce que sa voracité fait qu'il s'accommode de tous les aliments. Sa fécondité est exceptionnelle : la truie, sa femelle, peut mettre bas deux fois par an, après avoir porté de 113 à 120 jours. Elle peut être utilisée pour la reproduction à l'âge de 18 mois. Les portées vont jusqu'à douze porcelets. Ils tettent la mère chacun à une mamelle particulière dont ils ne changent pas jusqu'à la fin de l'allaitement. Quand il est né plus de petits que la mère n'a de mamelles, il faut sacrifier ceux qui sont en trop : on pourra les vendre comme cochons de lait. En général, pour ne pas épuiser la mère, il ne faut conserver que dix porcelets à l'allaitement et utiliser les autres comme nous venons de le dire.

Au bout de quinze jours, on peut faire boire aux porcelets un peu de lait tiède mélangé de farine ; on augmente peu à peu cette nourriture en les accoutumant à être séparés de leur mère, d'abord pendant les instants où ils boivent, ensuite plus longtemps ; enfin, au bout de six semaines ou deux mois, la séparation doit être complète. Il est quelquefois avantageux pour le cultivateur d'opérer plus tôt le sevrage s'il veut vendre les porcelets.

Existe-t-il des races de porcs particulières au département ?

Le département ne possède point de races de porcs spéciales ; la chose importante pour le cultivateur, dans l'élevage du porc, est de se laisser guider par ces circonstances : veut-il élever pour la boucherie ? il préférera les races améliorées par les croisements anglais, qui donneront beaucoup de précocité; veut-il élever pour les besoins du ménage? il devra rechercher les races produisant du lard de bonne qualité. Dans tous les cas, il se laissera diriger dans le choix des sujets par les caractères suivants : charpente osseuse peu développée, corps cylindrique, tête fine, œil vif, cou court, poitrine ample, épaules larges, dos plat et large, cuisses développées, pattes courtes, soies claires.

Comment nourrit-on l'espèce porcine ?

L'espèce porcine est omnivore ; sa nourriture pourra être végétale, animale, cuite ou crue, plus ou moins abondante, selon qu'on voudra la pousser à l'engraissement ; quoique généralement nourris en stabulation, on peut avec avantage envoyer les porcs dans les pâturages, en ayant soin de leur boucler le groin. Dans quelques localités, on les conduit à la glandée dans les bois.

CHAPITRE IV.

Des Assolements.

Qu'entendez-vous par assolement ?

L'assolement est l'art de faire alterner les cultures sur le même terrain, pour en tirer constamment le plus grand profit.

Pourquoi faire alterner les récoltes sur le même terrain ?

Parce qu'il est reconnu que les mêmes plantes puisent dans la terre les mêmes sucs nourriciers, et le sol serait bientôt privé de ces sucs si l'on continuait la même culture; il faut donc lui laisser le temps d'en reproduire. Ainsi, il faut faire précéder et suivre les cultures épuisantes par d'autres cultures propres à reposer le sol et à lui rendre sa fécondité. A une plante d'une certaine espèce, d'un certain genre ou même d'une certaine famille, il faut faire succéder autant que possible une plante d'une autre espèce, d'un autre genre et d'une autre famille.

Donnez-nous un exemple d'assolement.

L'assolement triennal est celui qui est le plus en usage dans la Côte-d'Or; il suit cette rotation : première année ou première sole, blé ou seigle; seconde année, céréales de printemps, orge ou avoine; troisième année, jachère, vulgairement *sombre;* mais il faut reconnaître que déjà dans beaucoup de localités la jachère est remplacée par des plantes fourragères ou par des racines sarclées, pommes de terre, choux-raves, betteraves, ou bien par des légumineuses ou crucifères, telles que colza, féveroles, navette, vesces, trèfle. La disparition du sombre, nous l'espérons, sera bientôt complète: pour atteindre ce résultat, il ne faut qu'augmenter les fumiers; on y parvient en produisant des substances alimentaires pour entretenir une plus grande quantité de bétail.

Y a-t-il encore des circonstances qui peuvent déterminer le cultivateur dans le choix de l'alternance?

Il y en a de nombreuses que la pratique et le raisonnement indiquent. En voici quelques exemples : Si la plante récoltée a des racines peu pénétrantes, il sera avantageux de lui faire succéder des plantes à racines pivotantes ; un champ est-il plein de mauvaises herbes ? après la récolte, on devra l'ensemencer de plantes sarclées qui obligeront de le nettoyer ; un champ est-il épuisé ? on fera bien de l'ensemencer de plantes qui laissent sur le sol quantité de débris, telles que la luzerne.

CHAPITRE V.

De la préparation des terres.

Maintenant que nous connaissons la terre arable, ses différents sols et sous-sols, les instruments qui servent à la la travailler, les forces qui les meuvent, et la nécessité d'assoler, indiquez-nous la manière de préparer les terres pour les rendre aptes à recevoir les semences.

On prépare les terres pour les ensemencements au moyen du labour avec la charrue, et par l'emploi de plusieurs des instruments aratoires que nous avons énumérés.

Comment les labours préparent-ils la terre ? Quelle est leur action ?

Les labours agissent sur le sol de quatre manières : 1° ils favorisent les combinaisons chimiques ; 2° ils aident à l'action du soleil en mettant une plus grande quantité des parcelles du sol en contact avec la chaleur ; 3° en rendant la terre plus meuble, ils favorisent sa pénétration par l'air et l'eau, et facilitent l'extension des racines et le développement de leur chevelu ; 4° ils détruisent les mauvaises herbes et certains insectes nuisibles. En général, plus une terre est compacte, plus elle doit recevoir de façons pour la diviser et l'ameublir ; plus elle est pleine de mauvaises herbes, plus de fois elle doit être labourée pour les détruire. Le labour est encore nécessaire pour recouvrir les engrais.

Y a-t-il des époques plus favorables à ces divers labours ?

Les terrains facilement perméables à l'eau peuvent être labourés à peu près en tout temps ; mais il est loin d'en être de même pour les autres. Quand ils sont très humides ils adhèrent au soc et au versoir de la charrue, ou bien ils se compriment en bandes boueuses sans aucune porosité, que la sécheresse transforme en véritables pierres ; les animaux en les piétinant aggravent cet inconvénient ; lorsqu'ils sont trop secs, outre qu'il est presque impossible de les travailler, il se divisent en mottes d'une extrême dureté que la herse ne peut briser. Il est toujours avantageux de labourer les terres fortes peu de temps après qu'elles ont été dépouillées de leur récolte.

Quelles sont les conditions d'un bon labour ?

La bande de terre que déplace la charrue doit être assez renversée pour que les engrais et les mauvaises herbes qui sont à la surface soient recouvertes ; elle ne doit pas être retournée complètement, mais inclinée sur l'arête de la bande précédente.

Cette disposition permet aux herses de déchirer les arêtes qui se trouvent au-dessus, et si le sous-sol a été attaqué, il sera mélangé à la couche arable par l'action de la herse.

Combien y a-t-il d'espèces de labours ?

On emploie, selon la nature et la conformation du terrain, trois espèces de labours :

1° Le labour à plat, qui est le meilleur, parce que toute la surface du sol est cultivée, qu'il se prête mieux au fonctionnement des instruments, et que la semence est plus également répartie, mais il ne convient que lorsque le sol est à surface plane, sec et très perméable ;

2° Le labour en planche, par lequel le sol est divisé en raies profondes et parallèles, distantes de deux mètres au plus ; ce genre de labour est nécessaire dans les terres très humides pour faciliter l'écoulement des eaux, mais l'emplacement des raies est improductif ;

3° Le labour en billons, pratiqué dans les grosses terres à sous-sol rétentif comme le précédent, et qui a pour but de faciliter l'écoulement des eaux qui séjourneraient à la surface et noieraient les récoltes. La convexité des billons facilite le glissement de l'eau dans les raies.

Qu'est-ce que le défoncement ?

Les labours de défoncement se font à la main avec divers instruments ou à la charrue. Ils ont pour but de ramener à la surface du sol ses couches plus profondes qui peuvent quelquefois, en mélangeant deux terrains de nature différente, transformer à son avantage la composition du sol. Ils se font avec le pic de différentes formes, la pelle, la bêche et la pioche, quand on emploie la main. Avec la charrue, l'ouvrage se fait plus lentement, mais d'une façon progressive, en faisant suivre la charrue par la fouilleuse dont nous avons parlé. Cette manière permet aux terres mélangées de se mûrir continuellement et à la longue sans cesser d'être productives.

Qu'est-ce que le défrichement ?

Le défrichement est l'opération qui convertit des terres

incultes en terres à cultiver. S'il s'agit de chaumes, il se fait au moyen de différents labours et défoncements ; si ce sont des bois, au moyen de l'arrachement et du défoncement ; il se fait encore par l'écobuage qui consiste à lever les gazons et tout ce qui recouvre la surface du sol ; on en fait de petits monceaux qu'on brûle quand ils sont secs et on répand les cendres sur le terrain. Cette opération n'est pas avantageuse, car, si elle produit l'amendement cendres qui est bon dans certaines circonstances, elle a l'inconvénient de convertir par la combustion, en gaz qui se perdent dans l'air, les meilleures parties des racines de l'herbe et des détritus.

CHAPITRE VI.

Des plantes.

Qu'est-ce qu'une plante ou végétal ?

On donne le nom de plantes ou végétaux à des êtres vivants ayant des organes pour se nourrir, respirer, se développer, se reproduire, mais qui ne peuvent se déplacer d'eux-mêmes.

Quels sont les organes des plantes ?

Ce sont : 1° les racines qui, fixant la plante au sol, ont pour fonctions d'y puiser, à l'aide de leurs radicelles et chevelus, les substances dont elle se nourrit ; 2° la tige qui, implantée sur les racines, est destinée à porter les branches, les feuilles et les fleurs ; elle contient les vaisseaux dans lesquels circule la sève. La tige porte différents noms ; celle de l'arbre se nomme tronc, celle du blé chaume, etc. Les racines ne sont pas toujours fixées dans le sol proprement dit, quelques plantes enfoncent les leurs dans des fentes de murs, de rochers; d'autres sont aquatiques et flottent dans l'eau ; d'autres, les parasites, s'attachent et implantent leurs racines sur d'autres végétaux; elles les pénètrent et y puisent les sucs nourriciers, par exemple, le gui sur les arbres.

2° Les feuilles sont des organes destinés à absorber dans l'air les éléments propres à augmenter et perfectionner la sève et à éliminer les parties inutiles.

3° Les fleurs ont pour fonction de reproduire les germes ou graines destinées à perpétuer les mêmes plantes.

Si on veut comparer l'organisation végétale à l'organisation animale, on peut dire que les racines sont les organes de la nutrition ; les tiges et branches, les organes de la circulation; les feuilles, les organes de la respiration, et les fleurs, les organes de la reproduction.

Qu'est-ce que la sève?

La sève est le liquide que les racines puisent dans le sein de la terre et les feuilles dans l'atmosphère, pour le faire servir à la nutrition du végétal ; l'eau concourt bien à la nutrition des plantes, mais elle est loin de constituer seule la sève, elle est le véhicule qui introduit dans les organes des végétaux les diverses substances qu'ils doivent s'assimiler. Cette sève monte par les couches ligneuses jusqu'aux feuilles, c'est la sève *ascendante;* elle arrive aux feuilles encore imparfaites, mais elle perd dans les feuilles son excès d'eau et se charge des éléments empruntés à l'air sous l'influence de la lumière; elle acquiert ainsi des qualités nouvelles et redescend des feuilles vers les racines, c'est la sève *descendante.* C'est alors seulement qu'elle concourt à l'accroissement et au développement de végétal. Bois, chaume, fleurs, fruits, graines, c'est-à-dire végétation complète, sont l'œuvre de la sève.

Comment divise-t-on les plantes sous le rapport de leur durée?

En annuelles, dont la durée ne dépasse pas un an ; en bisannuelles, dont la durée est de deux ans, et en vivaces, qui végètent plusieurs années.

Vous avez dit que les fleurs étaient les organes de la reproduction. Donnez quelques explications.

En général, les fleurs des plantes dont nous aurons à nous occuper sont formées par le pistil et l'ovaire, les étamines et le calice qui avec les pétales forment la corolle. Le pistil, qui est implanté sur l'ovaire, forme avec celui-ci l'organe femelle. Le rôle du pistil est de conduire dans l'ovaire le pollen que produisent les étamines ; arrivé là, le pollen féconde les germes qui y sont contenus ; le calice enveloppe et soutient le tout. Quand le moment est arrivé, c'est-à-dire quand la fleur est entièrement développée, le pollen des étamines est donc absorbé par le pistil et dirigé sur les germes que contient l'ovaire ; alors la fécondation s'opère.

A partir de ce moment, la fleur se flétrit et tombe, il ne reste que l'ovaire où les graines se développent et atteignent leur maturité. La graine, à sa maturité, se compose de deux parties : l'amande et le germe. La graine étant placée dans les conditions qui conviennent à sa germination, le germe se développe peu à peu pour former l'embryon ; celui-ci commence à pousser des racines qui prennent leur première nourriture dans l'amande, puis une tige qui plus tard formera un végétal semblable à celui qui a produit le grain.

Les plantes puisent-elles dans la terre les mêmes éléments de nutrition ?

Les plantes ne retirent point du sol les mêmes substances, chacune a sa préférence, parce que chacune doit avoir une composition spéciale ; il faut donc, en principe, choisir pour semer telle ou telle graine, les terres qui contiennent le plus d'éléments favorables au développement de ces plantes. L'expérience personnelle ou acquise par tradition et les analyses chimiques sont, en pareilles circonstances, les guides à suivre.

Des plantes agricoles.

Quelles sont les plantes agricoles ?

Ce sont les végétaux herbacés généralement cultivés en plein champ par l'agriculture.

Elles comprennent : 1° les fourrages destinés à la nourriture du bétail ; 2° les racines qui servent à la nourriture du bétail et de l'homme ; 3° les céréales qui fournissent également à l'alimentation de l'homme et des animaux ; 4° les légumineuses dont l'emploi est fort varié, et 5° les plantes industrielles.

Des fourrages.

Faites-nous connaître les fourrages.

Les fourrages sont produits par les prairies naturelles (prés) et les prairies artificielles.

Comment forme-t-on les prairies naturelles?

Avant d'ensemencer les prairies naturelles, il faut niveler le sol, le fumer abondamment, puis plusieurs fois le labourer profondément ; alors, dans une céréale qu'on a préalablement clair-semée, on répand un mélange de graines appropriées à la nature du sol ; puis on herse et l'on roule Les fonds de greniers à fourrage récolté dans la localité sont les meilleures graines qu'on puisse employer, quoi qu'on en dise, car elles proviennent de plantes acclimatées au sol. Il serait bon cependant, si on en avait le moyen, de faire disparaître les graines des plantes réputées mauvaises, telles que la colchique d'automne (veilleuse), la renoncule âcre (bouton d'or), etc. L'époque la plus favorable pour opérer les semailles paraît être le printemps ; on se trouve bien de ce mode de faire semer les graines de foin dans une céréale du printemps, quand elle a commencé à pousser, car la céréale à travers laquelle la semence a été répandue protége et abrite les jeunes pousses ; mais, si en automne on s'aperçoit que l'ensemencement n'a pas réussi complètement, il est bon de semer à nouveau, puis de herser et rouler.

Quels sont les soins à donner aux prairies naturelles?

Il faut les fumer et les amender tous les quatre ans au moins, si on ne les livre pas au pâturage ; les arroser, quand on le peut, par des irrigations printanières, surtout quand les terrains qui les produisent sont secs et perméables. Si les terrains, au contraire, sont trop humides, on doit les assainir soit par des fossés ou rigoles d'écoulement, soit par des drainages. Il faut détruire les taupinières au printemps et à l'automne, mais ne point détruire les taupes, malgré l'usage contraire adopté dans une partie du département.

Pourquoi ne pas détruire les taupes ?

Parce qu'il est démontré que ces animaux font dans le sol la chasse aux vers blancs et autres insectes et larves qui dévorent les racines des plantes.

Mathieu de Dombasle prétendait avec raison que la taupe ne faisait de mal qu'aux négligents qui ne répandaient pas sur le sol la terre fine qui sort de leurs galeries et qui, ainsi distribuée, reterre le collet des plantes ; ajoutons que, dans beaucoup de circonstances, les galeries servent de petits canaux qui concourent avec avantage à l'irrigation profonde du sol et à son aération.

Dans une culture bien aménagée, quelle doit être la proporti n des prés ?

Autrefois, on prétendait qu'ils devaient représenter le dixième des terres exploitées. Aujourd'hui, dans certaines parties de la Côte-d'Or, leur proportion a beaucoup augmenté, et chaque fois qu'on peut en créer, il faut hardiment se lancer dans cette voie. Il est bien démontré par l'expérience que les terres sur lesquelles on peut faire prospérer les prairies naturelles, sont celles qui rapportent le plus de profit, soit qu'on livre au commerce leurs produits, soit qu'on les fasse consommer sur place par le bétail.

Parlez-nous des récoltes des prairies naturelles.

Le moment qui est le plus favorable à la récolte des foins est celui où la majeure partie des plantes est en fleurs. Si l'on attend que les fleurs soient formées, une grande partie des sucs des herbes aura concouru à cette formation ; elles deviendront par cela même moins nourrissantes.

De combien d'opérations se compose la récolte des foins?
Du fauchage, du fanage et de l'emmagasinage.

Le fauchage se fait avec la faux ou le fauchage mécanique ; le meilleur fauchage est celui qui se rapproche le plus de la terre, celui qui la rase le mieux ; outre qu'il augmente la quantité de foin, il y introduit une herbe fine recherchée des animaux, surtout des bêtes à corne. Le foin coupé et placé en ligne forme des andains.

Le travail de fanage se fait en retournant l'andain quand sa surface est un peu desséchée ; on fait le retournement plusieurs fois s'il est nécessaire ; cette opération se pratique au moyen de la fourche ou de la faneuse, instrument composé d'un cylindre garni de longues dents, supporté par des roues et mu par un cheval. Quand le foin est assez desséché, on l'accumule, on le ramasse en meulons (bouillots) soit avec le râteau ordinaire, soit avec le râteau à cheval, puis avec la fourche ; il subit dans cet état un commencement de fermentation favorable à sa conservation ainsi qu'au développement de ses parfums.

Quand le temps est incertain, il vaut mieux laisser l'herbe en andains un jour ou deux : dans cet état, elle ne se détériore nullement. On peut aussi conserver les meulons sans les toucher pendant deux jours, et si le foin qui les compose est sec, on peut l'y maintenir trois ou quatre jours.

Quand on veut faire la rentrée, il faut autant que possible choisir un beau temps ; alors on entr'ouvre les meulons pour leur faire perdre l'humidité qu'ils peuvent contenir ; puis on charge sur des chars ou des charrettes pour conduire à l'emmagasinement, dans les greniers à foin ou dans des meules. Dans tous les cas, il faut que le foin soit étendu d'une manière uniforme et qu'il soit tassé, afin qu'il n'y reste aucun espace vide ; autrement, le suintement du foin y accumulerait de l'humidité et il s'y formerait de la moisissure ; il pourrait même s'échauffer au point de produire de fortes vapeurs ; qu'on se garde alors de soulever le foin et de lui donner de l'air ; il faut plutôt clore toutes les ouvertures du magasin. Le foin, dans sa fermentation, pourra brunir, surtout s'il a été récolté un peu humide, mais il ne se gâtera pas ; tandis que s'il est fortement aéré, les gaz qu'il laisse échapper peuvent s'enflammer et déterminer un incendie. Une méthode qu'on ne saurait trop recommander, surtout dans les circonstances d'humidité, est de saupoudrer avec du sel chaque lit de fourrage de cinquante centimètres d'épaisseur : le sel aide à sa conversation, le bétail le mange mieux et il favorise sa santé.

Le cultivateur tire ensuite parti de cette récolte, soit en la livrant au commerce, soit en l'employant à la nourriture des bestiaux.

Les prairies naturelles ne fournissent-elles qu'une récolte par an ?

Les bons prés fournissent une seconde récolte appelée regain. Si on ne la fait pas pâturer par le bétail, on la fauche, on la prépare et on l'emmagasine comme le foin. Mais elle demande plus de précaution, car la dessiccation en est plus difficile. En la mélangeant avec de la paille, on modère sa facilité à fermenter. Si tous les ans on récolte du regain dans le même pré, il s'épuise rapidement ; il faut de toute nécessité le fumer pour remplacer la déperdition que fait le sol, auquel on enlève toujours sans rien lui apporter.

Qu'est-ce que les prairies artificielles ?

Les prairies artificielles sont habituellement des champs ensemencés en plantes fourragères.

Les prairies artificielles forment la base de bons assolements alternés.

Quelle est l'utilité des prairies artificielles ?

Dans toutes les exploitations agricoles, les prairies artificielles jouent un des rôles les plus importants. Avec leur secours, on peut, dans les pays dépourvus de prairies naturelles, entretenir un nombreux bétail ; et là où les prés sont abondants, elles permettent d'en élever un plus grand nombre. Loin de nuire aux récoltes de céréales, elles en augmentent le produit, car elles amendent la terre et permettent d'augmenter les fumiers.

Quelles sont, dans la Côte-d'Or, les prairies artificielles les plus répandues ?

Parmi les plantes vivaces, ce sont : la luzerne, le sainfoin et le ray-grass.

La luzerne est, de toutes, la plus avantageuse, en raison de son rendement considérable. Comme fourrage vert, c'est une précieuse récolte qui, dans les années sèches, végète parfaitement. Elle donne plusieurs coupes ; elle ne prospère bien que dans les terres calcaires profondes, qui ne retiennent pas d'humidité dans leurs couches inférieures. Ses racines sont pivotantes et pénètrent à une grande profondeur. On la sème généralement au printemps, dans le courant d'avril, et dans une céréale ; on emploie 25 à 30 kilogrammes de grains par hectare ; on répand sur le sol le grain à la volée, puis on le recouvre soit avec une herse garnie d'épines, soit avec le rouleau quand la terre est sèche. Une luzerne n'est bien garnie qu'au bout de trois ans, et peut durer jusqu'à vingt ans; mais il est préférable de la rompre au bout de huit à dix ans, parce qu'au-delà elle est rarement vigoureuse. Après la luzerne, le sol devient très fertile en raison des détritus de racines et de feuilles qu'elle lui a laissées.

Le sainfoin est, comme la luzerne, une plante pivotante qui réussit dans les terres calcaires, même dans celles qui sont de médiocre qualité; mais il est important que le sous-sol soit profond et dépourvu d'humidité. Cependant il peut encore prospérer dans des terrains peu profonds si le sous-sol est rocheux; alors les racines pénètrent dans les fentes de la roche. Le sainfoin est un des fourrages que les animaux recherchent le plus; on le sème à la volée le plus souvent dans une céréale de printemps. La quantité de graines à employer par hectare est de 5 à 6 hectolitres; comme elle est très grosse, il faut un hersage énergique pour l'enterrer. Une variété, qu'on appelle sainfoin à deux coupes, peut, quand il est semé dans des terres de bonne qualité, donner une seconde récolte, mais il est moins rustique que le type.

Le ray-grass est peu cultivé dans le département. Il en existe deux espèces, l'une dite d'Italie, l'autre d'Angleterre. Le ray-grass d'Italie se distingue par une petite arête ou barbe que porte sa graine; ses feuilles et ses tiges sont plus tendres et plus longues que celles du ray-grass d'Angleterre. On sème les graines seules en automne ou, dans une céréale, au printemps. Le plus souvent on associe le ray-grass au trèfle. On emploie de 50 à 60 kilogrammes par hectare ; les sols frais et substantiels lui conviennent ; on sème à la volée et on recouvre très légèrement d'un trait de herse, ou d'un coup de rouleau, si la terre est sèche. Lorsqu'on fauche le ray-grass de bonne heure, il fait de très bon foin ; si on attend trop, il devient dur et de qualité médiocre.

Parmi les plantes bisannuelles, ce sont le trèfle et la lupuline ; le trèfle commun ou trèfle rouge, plante de la famille des légumineuses, est d'un précieux secours pour l'alimentation de tous les animaux. Il fournit au besoin deux coupes ; on peut le faire manger vert et le récolter comme fourrage sec. Le trèfle vient très bien dans les terres argilo-calcaires, fraîches et perméables. Comme pour toutes les plantes fourragères, le sol qui doit recevoir le trèfle doit être très ameubli. On le sème ordinairement en mars ou avril dans les terres légères ; dans les sols argileux, on doit attendre le commencement de mai. La quantité de semence à employer est de 20 à 25 kilogrammes par hectare. Généralement on sème à la volée dans une céréale de printemps et l'on recouvre soit avec la herse garnie d'épines, soit avec le rouleau ; on peut semer aussitôt après que la céréale a été recouverte ou bien attendre qu'elle soit levée. Quand on veut récolter le trèfle pour faire du fourrage sec, il faut le couper quand la plante est en pleine fleur et le travailler comme la luzerne avant de l'emmagasiner. Si l'on veut récolter la graine, il faut attendre la seconde coupe qui fleurit plus également.

On cultive encore un autre trèfle appelé *incarnat*, qui est annuel : il donne un bon fourrage. Il est cependant moins recherché des animaux que le trèfle rouge et ne produit qu'une coupe, mais hâtive. On le sème au mois d'août dans une terre bien ameublie, ou en septembre dans un blé. On peut le faire manger en vert comme le trèfle rouge, ou le récolter sec : à cet état c'est un mauvais fourrage. Un hectare exige 30 kilogrammes de graine.

La *lupuline* ou *minette* est une plante légumineuse qui a beaucoup de ressemblance avec la luzerne, mais sa tige est moins élevée et moins fournie ; ses fleurs sont jaunes. On la sème et on la récolte dans les mêmes conditions que le trèfle rouge ; elle n'a pas l'inconvénient, comme la luzerne et le trèfle, de déterminer le météorisme du bétail ; on peut donc la faire consommer en pâturage. Elle s'accommode très bien des terrains secs, maigres et calcaires, et exige de 15 à 18 kilogrammes de graines par hectare.

La luzerne et le trèfle ne sont-ils pas sujets à être détruits par une plante parasitaire ?

En effet, quand un champ de luzerne ou de trèfle est envahi par la *cuscute*, si on n'arrête les progrès de cette plante qui s'attache à leurs tiges et les épuise, la récolte sera fort endommagée. Il n'y a pas d'autre parti à prendre pour la détruire que d'écobuer par un temps sec toute l'étendue qu'elle occupe.

Quelles sont encore les plantes annuelles qui donnent des fourrages ?

1° Les vesces ; 2° les gesses ou pois jarosses ; 3° le maïs pour fourrage.

Qu'est-ce que la vesce ?

La vesce est une plante de la famille des légumineuses qui fournit aux animaux un fourrage très nutritif vert ou sec et qu'ils recherchent avidement. On distingue deux sortes de vesces : celle d'hiver, qu'on sème en automne, se plaît dans les sols argileux et argilo-calcaires perméables ; on fera bien d'associer à sa graine un quart de seigle pour lui servir de tuteur et empêcher que les tiges ne s'affaissent sur la terre. La quantité de graine à employer par hectare est de 250 litres. Un seul labour est suffisant ; elle peut succéder à toute espèce de culture.

La vesce d'été peut prospérer dans tous les sols, mais elle demande que la terre soit bien ameublie. La quantité de semence à employer par hectare est aussi de 250 litres, auxquels on associe un quart d'avoine qui joue le même rôle que le seigle pour la vesce d'hiver ; on peut semer cette plante dès le printemps jusqu'à la fin de l'été. Nulle herbe n'est aussi précieuse pour parer à la pénurie des autres fourrages. Dès qu'on s'aperçoit que leur récolte sera médiocre, il faut, tous les quinze jours, semer la vesce d'été dans les terrains en jachère et faire consommer vert ou sec, selon le besoin. En espaçant ainsi les semailles, il se rencontrera toujours que quelques-unes d'elles profiteront de circonstances climatériques qui seront favorables à leur réussite. On coupe les vesces pour fourrage vert dès que les fleurs commencent à épanouir, et pour fourrage sec quand la graine commence à se former.

La gesse ou pois jarosse se sème dans les mêmes conditions que la vesce et se récolte de même. Il faut également joindre à la semence du seigle ou de l'avoine pour soutenir les tiges et empêcher la verse. Cette plante demande des terres bien préparées et de consistance moyenne.

Parlez-nous du maïs comme fourrage.

Le maïs ou blé de Turquie, que tout le monde connaît, est de la famille des graminées ; il offre aussi des ressources précieuses pour la nourriture du bétail, ressources que très peu de cultivateurs emploient et sur lesquelles il est important d'appeler leur attention. Une variété, le maïs géant ou maïs caragua, mérite surtout d'être répandue, ainsi que le maïs dent de cheval qui coûte moins cher. Le maïs s'accommode facilement des terres de toute nature, pourvu qu'elles soient profondément labourées, suffisamment ameublies et surtout bien fumées. Il sera convenable de donner un labour avant l'hiver pour obtenir ce résultat. On sème au printemps, dans le cours du mois de mai, quand on n'a plus à craindre les gelées tardives. Cent litres de graine sont à peu près nécessaires pour ensemencer un hectare. On peut semer à la volée si la récolte est destinée à être mangée en vert ; dans ce cas, on peut faire des semis successifs de huit jours en huit jours, afin d'avoir pour le bétail pendant le reste de la bonne saison une nourriture toujours tendre ; mais il est meilleur de semer en ligne. Pour cela on prépare la terre en ados comme pour semer la betterave, puis on sème en ligne. On fait des augets soit avec la main, soit avec un plantoir, sur les ados des petits billons ; on espace ces trous de 20 à 25 centimètres, on y dépose les grains, on recouvre de terre, et quand l'ensemencement est terminé, on fait passer le rouleau pour tasser. Les soins à donner ensuite sont les binages exigés pour l'ameublissement et la propreté du sol. Le maïs caragua croît rapidement, ses tiges sont grosses, bien garnies de feuilles embrassant la tige, qui peut atteindre une hauteur de plus de deux mètres. Dès que la plante a pris un certain développement, on peut la faire consommer en vert; elle est saine et bienfaisante pour le bétail qui la mange avec plaisir en raison de la matière sucrée qu'elle contient. Si, au contraire, vous voulez la conserver comme fourrage de réserve, il faut la placer en silos. La méthode suivante, indiquée par M. Louis Bordet, me paraît réunir toutes les conditions de réussite : « Quand on veut ensiler du maïs caragua passé au hache-paille, il faut préparer un silo creusé en terre ou revêtu de maçonnerie. Les dimensions ne doivent pas excéder deux mètres en largeur et deux mètres en profondeur ; il n'y a pas de limites pour la longueur. »

On le mélange avec de la bouffe ou de la paille hachée ; on le presse, on le tasse bien, on recouvre d'un peu de paille, puis d'une couche de terre d'un mètre au moins.

Quand on veut le faire consommer, on entame une des extrémités, on continue ainsi selon son besoin, en ayant soin de recouvrir la partie dénudée de paille un peu comprimée.

On a dit que la graine de caragua ne mûrissait pas bien dans le département, et qu'il était nécessaire d'acheter la semence tous les ans. Cette assertion n'est pas certaine, car on a récolté dans l'Auxois, dans de bonnes conditions, du caragua obtenu avec des graines récoltées dans le pays. Cette pratique de l'ensilage du maïs caragua n'est pas neuve : elle a été employée avec beaucoup de succès à l'école de la Saussaye.

Des racines.

Quelles sont, en dehors des plantes fourragères, les racines employées à la nourriture du bétail?

Les racines fourragères ou plantes sarclées doivent occuper un rang important dans toute culture bien aménagée. Ce sont elles surtout qui permettent d'ameublir et de nettoyer parfaitement le sol sans recourir à la jachère; elles fournissent en quantité une nourriture excellente pour tous les animaux domestiques, ce qui permet d'en élever un plus grand nombre et de produire plus d'engrais. Enfin, certaines racines fournissent à l'homme des aliments et à l'industrie des ressources. Celles qui réussissent le mieux et offrent le plus d'avantages dans notre département, sont au nombre de sept : ce sont les pommes de terre, la betterave, la carotte, le navet, les choux-raves, les rutabagas et les topinambours.

Parlez-nous de la pomme de terre.

La pomme de terre, qu'on peut considérer comme la plus importante des racines cultivées, appartient à la famille des solanées. Pour la faire consommer par les animaux, presque toujours on la fait cuire et on l'écrase; elle sert principalement à l'engraissement des porcs et des bêtes à cornes, les volailles la mangent très bien. Elle a été répandue en Europe à la fin du siècle dernier par les soins de Parmentier. La pomme de terre réussit à peu près dans toutes les terres, sa végétation étant très vigoureuse; mais elle est de meilleure qualité dans les sols légers, calcaires, sablonneux et siliceux. **Les terres** compactes diminuent sa qualité et l'exposent davantage à la maladie. On doit, pour bien préparer la terre à recevoir cette plante, donner avant l'hiver un labour profond. Comme elle est très épuisante, il faut toujours fumer fortement avant de semer la plante qui doit lui succéder. La pomme de terre offre des variétés nombreuses : les unes hâtives, d'autres tardives ; les unes plus propres à la nourriture de l'homme, telles que la rose, la pomme de terre marjolin ; les autres plus spécialement destinées à la nourriture des animaux. En tête de celles-ci est la pomme de terre Chardon, très résistante à la maladie et qui donne un produit considérable ; certaines espèces, la blanche, sont livrées aux sucreries et distilleries qui en retirent du sucre, de l'alcool et de la fécule.

On plante les pommes de terre de mars en mai dans les terres légères d'abord, dans les terres argileuses ensuite. Les plants doivent être choisis avec soin, bien sains, offrant des yeux bien conformés : les plus gros sont les meilleurs. On peut diviser les tubercules, mais il faut que les fragments soient munis d'yeux bien apparents, que les sections ne soient pas fraîches et qu'il ne tombe point d'eau au moment de la plantation, à cause du danger de la pourriture.

La plantation de la pomme de terre et sa culture à la main sont très dispendieuses. Il faut absolument laisser cette routine et se servir des instruments et attelages de la ferme. Voici comment on plante la pomme de terre à la charrue : Le terrain ayant été préparé par un labour profond avant l'hiver, on laboure à nouveau d'avril à mai, et, à toutes les trois raies, on dépose les tubercules avec précaution au milieu de la bande de terre retournée, afin qu'ils se trouvent dans la terre meuble et à l'abri de l'humidité ; on les espace d'environ 80 centimètres. Pendant la végétation, quand les tiges commencent à sortir de terre, il faut biner énergiquement plusieurs fois et butter ensuite.

Les tiges et feuilles, c'est-à-dire les fanes, étant une mauvaise nourriture pour le bétail, il faut se garder de les cueillir, car on diminuerait considérablement le produit des tubercules.

On récolte la pomme de terre quand les feuilles et tiges sont sèches, mais le plus tard possible, parce que la maturation peut encore continuer après la dessiccation des fanes ; on doit, pour ce travail, se servir de la charrue ou du buttoir. On les conserve dans des celliers ou dans des silos ; il faut avoir grand soin de les serrer bien sèches et de les préserver de la lumière pour éviter qu'elles ne verdissent ou qu'elles prennent un mauvais goût.

Dites-nous comment on emploie les pommes de terre comme nourriture.

Selon certains économistes, trois kilogrammes de pommes de terre équivalent à un kilogramme de blé dans la nourriture de l'homme. La pomme de terre reçoit de l'art culinaire les apprêts les plus variés. Beaucoup de peuples en font leur nourriture la plus habituelle. Elle est d'une immense ressource dans les années de disette des céréales.

La faculté nutritive des pommes de terre pour l'alimentation du bétail n'est mise en doute par personne. On a observé que les pommes de terre crues poussent à la production du lait, et cuites à celle de la graisse. La proportion à observer pour la nourriture d'une vache serait d'un peu plus de la moitié de la ration, soit dix kilogrammes de foin et quinze kilogrammes de pommes de terre. Ces tubercules sont donc employés d'une façon générale à la nourriture et à l'engraissement des animaux. Bœufs, vaches, moutons, porcs et volailles, dans beaucoup de fermes, sont exclusivement engraissés avec la pomme de terre cuite mélangée avec de la farine. Les chevaux mêmes, dans quelques contrées, en reçoivent des rations ; mais, pour cet emploi, il est nécessaire que la pomme de terre soit cuite à la vapeur et refroidie.

Parlez-nous de la betterave.

La betterave est une plante de la famille des arroches ; elle est bisannuelle si on veut en recueillir la graine ; mais c'est la première année que l'on récolte la racine. Elle offre une foule de variétés. Les principales sont : les rouges (disettes), qui sont plus rustiques, mais moins nourrissantes que les autres variétés ; les globes jaunes, celles des Barres, excellentes pour la nourriture du bétail, et les blanches de Silésie, qui sont préférées pour les distilleries et sucreries. La betterave offre cet avantage d'être à la fois d'une grande ressource pour la nourriture du bétail et de fournir à l'industrie sucrière du département la matière première. Ce que nous allons dire de sa culture se rapporte aussi bien à la betterave industrielle qu'à la betterave fourragère. Quand on veut préparer un champ pour semer la betterave, il faut choisir une terre de consistance moyenne, profonde, un peu humide ; une terre trop tenace ou pierreuse gênerait son développement. Il faut labourer avant l'hiver, labourer après l'hiver, herser avec soin pour bien diviser les mottes et fumer abondamment.

On peut semer à la volée, mais cette méthode ne vaut rien, parce qu'elle exige trop de travaux à la main. On peut semer en pépinières et repiquer ensuite ; ce mode est également mauvais, car il interrompt pendant un certain temps la végétation et exige dans les années sèches des arrosages dispendieux. La méthode que nous avons indiquée pour le maïs est celle qui doit être préférée. Le semoir Bodin peut être utilisé avec beaucoup d'avantages pour les deux plantes. On sème en lignes sur des ados de petits billons espacés de 80 centimètres et tracés bien droits ; puis on dépose la graine par tas de trois à quatre grains dans de petits creux faits au plantoir à 40 centimètres l'un de l'autre ; on recouvre ensuite et l'on tasse avec le pied. Les avantages de ce mode de culture sont de pouvoir se servir de la houe et du buttoir à cheval pour biner les terres, les sarcler, et en élevant la plante, de la mettre à l'abri d'une trop grande humidité. L'époque favorable pour le semis est la fin d'avril, et pour le repiquage la fin de mai. Dès que la plante sort de terre, il faut éclaircir et repiquer dans les places où les graines n'auraient pas germé ; puis on donne le premier sarclage. Comme nourriture, les feuilles ont peu de valeur ; les enlever nuirait beaucoup au développement de la racine. La récolte de la betterave se fait dans le courant d'octobre. Après l'avoir arrachée, on la dépouille de ses feuilles et racines et on la conserve dans des celliers ou des silos ; ces derniers peuvent être faits à la surface du sol, mais à la condition d'être entourés d'un fossé assez profond pour fournir la terre qui doit recouvrir les betteraves; le silo, construit en pyramide, doit être percé de plusieurs trous placés au sommet qui permettront à la vapeur humide de s'échapper, ainsi qu'aux gaz qui pourraient se produire.

Le bétail mange la betterave coupée par fragments, seule ou mélangée avec des bouffes ou des menues pailles; la meilleure méthode est sans contredit celle-ci : Ayez sous un hangar ou dans une grange trois compartiments séparés; vous en remplirez un tous les trois jours avec couche de bouffe ou paille hachée, et couche de fragments de racines, et ainsi de suite; au bout de trois jours il y aura fermentation : c'est alors que vous ferez consommer, et comme vous aurez les jours suivants rempli les autres compartiments, le premier étant mangé, vous entamerez les autres qui seront successivement entrés en fermentation.

Si on livre la betterave aux industries, il faut se réserver les pulpes ou résidus qui sont aussi pour les bestiaux une excellente nourriture.

Le département de la Côte-d'Or renferme quantité de terres propres à la culture de la betterave; il est à regretter que les industries sucrières y soient peu répandues. Dans beaucoup de localités, les terres analysées ont présenté des propriétés saccharifères remarquables.

Parlez-nous de la carotte.

La carotte est une plante bisannuelle de la famille des ombellifères qui offre des variétés nombreuses; celle qu'il nous importe le plus de connaître est la carotte fourragère blanche à collet vert ou grosse rouge; tout ce que nous avons dit de la culture de la betterave peut lui être appliqué.

Comme presque toutes les plantes dont la racine forme le principal produit, les carottes demandent un sol meuble dont la compacité n'offre pas trop de résistance ; elles réussissent bien dans les sols marneux et dans tous ceux qui contiennent de la chaux, mais il faut qu'ils soient labourés profondément, parce que, de toutes les plantes sarclées, c'est celle dont les racines traversent la plus grande épaisseur de terre. L'époque la plus favorable pour semer, est la première quinzaine de mars. On cultive la carotte et on la récolte comme la betterave. On l'emploie de la même façon à la nourriture des bestiaux : les chevaux surtout en sont très friands ; la carotte remplace assez bien une partie de la ration d'avoine. On prétend qu'il ne faut point la donner aux femelles laitières, parce qu'elle amènerait la diminution, puis la suppression du lait.

Qu'est-ce que le navet ?

Les navets, raves, turneps, rutabagas sont des variétés du genre *brassica* (choux) de la famille des crucifères. Ces plantes servent à la nourriture de l'homme et à celle des animaux ; elles méritent toute l'attention du cultivateur, et comme il est avantageux de cultiver successivement sur le même sol des plantes différentes pour ne point épuiser le sol des mêmes principes nutritifs, le navet sera dans ces circonstances une ressource. On sème les navets au printemps sur jachère bien préparée ; on emploie pour ensemencer un hectare 4 à 5 kilogrammes de graine ; on sème à la volée, on herse et l'on roule ensuite.

Les terrains qui conviennent le mieux sont les terrains

un peu acides; au reste, tous les terrains légers et humides sont favorables. Ces plantes se récoltent en automne, elles sont pour le bétail une nourriture d'hiver excellente, favorisant l'engraissement et formant une transition entre les fourrages verts de l'été et les fourrages secs de l'hiver. Ce sont les premières racines à consommer, parce qu'elles se conservent difficilement. On peut aussi semer les navets en culture dérobée dans les mois de juillet et d'août, après une récolte de blé, de seigle ou autres plantes; il faut pour cela choisir un terrain ameubli et donner un léger coup de charrue. Le navet sert aussi à la nourriture de l'homme. Quelques localités du département, Orret et Saulieu, par exemple, en fournissent qui sont renommés.

Les choux-raves et rutabagas se sèment en pépinière, au printemps, pour être repiqués en ligne dès que les plants commencent à se développer.

Qu'est-ce que le topinambour?

Le topinambour est une plante de la famille des synanthérées dont la tige atteint et dépasse deux mètres. Elle est chargée de larges feuilles, la fleur ressemble à celle des soleils pour la couleur et la conformation. Ses racines se chargent de tubercules dont la forme les a fait nommer poires de terre.

Tous les terrains conviennent au topinambour, même les plus arides; les racines sont vivaces et repoussent d'elles-mêmes indéfiniment. On plante les tubercules au printemps, dès que la terre est dégelée, de la même façon que les pommes de terre; on bine une ou deux fois, mais le buttage est inutile.

Bien que la feuille du topinambour, sèche ou verte, puisse être employée comme fourrage, son principal produit consiste dans les abondants tubercules qui naissent de ses racines. Ces tubercules, cuits dans l'eau ou sous la cendre, peuvent fournir à l'homme un aliment qui rappelle pour le goût celui de l'artichaut. On peut les faire consommer crus ou cuits aux bestiaux, mais il faut les préférer cuits. Les moutons, les porcs et les vaches, une fois habitués à cette nourriture, la mangent avec avidité. La récolte du topinambour a sur celle des autres racines un immense avantage, en ce sens qu'elle n'exige pas d'être faite subitement et n'a pas besoin d'être emmagasinée ; on peut tirer du sol le topinambour au fur et à mesure du besoin, car il résiste parfaitement à la gelée.

Nous sommes bien convaincu que le département qui possède beaucoup de terrains de médiocre qualité tirerait grand profit de ces terrains en les utilisant par la culture du topinambour. L'inconvénient qu'on lui reproche est la difficulté d'en empêcher la reproduction dans les cultures subséquentes, car les plus petits tubercules et les moindres racines laissés dans le sol suffisent pour produire de nouvelles tiges. Cet inconvénient disparaît en partie si, au printemps, on a soin de faire pâturer les nouvelles pousses par le bétail, moutons et vaches, ou si, à la même époque, après avoir donné un labour, on sème des pois ou des vesces qu'on fera manger en vert à l'époque de la floraison de ces dernières plantes, après les avoir coupées à la faux.

Des Céréales.

Qu'entend-on par céréales ?

Les céréales, qui sont aussi et surtout des plantes farineuses, tirent leur nom de Cérès, déesse de la moisson. Elles appartiennent à la famille des graminées et servent à la nourriture de l'homme et des animaux. Elles jouent dans l'économie agricole du département le rôle de beaucoup le plus important. Elles sont au nombre de trois principales, le blé, l'orge et l'avoine ; ces plantes ont des variétés dont nous nous occuperons en parlant de chacune d'elles.

Parlez-nous du blé.

La description de cette plante peut servir également aux autres céréales. Le blé se compose d'une tige creuse à nœuds espacés, implantée sur un collet de racine fibreuse. Ses feuilles allongées embrassent la tige à chaque nœud ; son extrémité se termine par l'épi ; il est composé d'un axe central de la nature de la paille, dentelé par des saillies alternes, ces saillies servent d'appui et d'attache aux épilets ; l'épilet est un petit groupe de trois à cinq fleurs dont quelques-unes sont assez souvent stériles ; dans une partie de la France on l'appelle maille : ainsi on dit que le blé a trois ou quatre grains à la maille, pour indiquer son degré de grenaison. Ces épilets sont maintenus à leur base par deux valves qui les embrassent et leur servent de calice, on les appelle glumes. Chaque fleur devenue graine a deux enveloppes, qui sont les balles. C'est la balle la plus extérieure qui porte la barbe dans la variété de blé qui en est munie (blé barbu). On appelle blé tendre celui dont la cassure est farineuse, et blé dur celui dont la cassure, plus nette, présente l'apparence de la corne : cette variété ne prospère que dans les pays chauds.

Les terrains les plus favorables à la production du blé sont les sols argilo-sablonneux et argilo-calcaires profonds ; la chaux est indispensable à la production du blé. Le blé succède avec avantage aux plantes sarclées, au trèfle, à la minette, au colza, au sarrasin, mais le plus souvent on le place après la jachère.

L'époque de la semaille du blé commence à la mi-septembre et peut se prolonger jusqu'à la fin d'octobre. Le blé se sème généralement à la volée, mais avec les semoirs on obtient plus de régularité dans la répartition de la semence : son enfouissement est à la même profondeur, le sarclage est plus facile entre les lignes, le talage ou pousse des tiges se fait mieux et l'on économise un cinquième de semence. Il est d'expérience que cette semence doit être plus enterrée dans les terres légères ou maigres que dans les terres fortes et les climats humides. Les graines qui ne sont pas recouvertes de trois centimètres au moins se développent mal, celles qui sont enfoncées à plus de huit centimètres pourrissent et ne lèvent pas. La quantité à employer par hectare est d'un hectolitre et demi à deux hectolitres. L'expérience indique que les semailles faites les premières fournissent davantage en produits ; cependant le contraire arrive quelquefois : tout cela dépend des influences atmosphériques. Le choix de la semence doit être soumis à certaines règles qu'il ne faut pas oublier. En employant toujours la même semence dans les mêmes champs, on s'expose à la voir dégénérer; il faut donc la changer et la prendre en général dans un sol moins fertile et de nature différente que celui où on doit l'employer.

Avant d'employer la semence, on fait subir au blé les préparations suivantes : il faut le passer soigneusement au trieur pour le débarrasser des graines étrangères et des grains trop petits qui ne germeraient pas, puis le chauler : le chaulage et le sulfatage ont tous deux pour but de dépouiller le grain des poussières ou des germes d'où plus tard naît la carie qu'on nomme vulgairement noir, moucheture ; dans cette maladie, le grain est remplacé par une poussière noire qui n'est qu'une végétation parasitaire du genre champignon.

On fait le chaulage et le sulfatage de différentes manières ; la méthode que nous prescrivons surtout est celle-ci : faites dissoudre à chaud dans un hectolitre d'eau 600 grammes de sulfate de cuivre (vitriol bleu) et 300 grammes de chlorure de sodium (sel de cuisine) ; la veille du jour où vous devez employer la graine, placez-la dans un cuvier, versez dessus la solution précédente en quantité suffisante pour que les graines soient immergées, puis remuez à la pelle ; après quelques heures, faites écouler la dissolution dans un baquet et employez votre semence ; le soir, replacez dans le cuvier ce que vous devez employer de grain le jour suivant, immergez avec la même solution, et vous continuez ainsi tous les jours.

Quand un champ a reçu son ensemencement de froment, il faut aussitôt tirer les raies d'écoulement, curer celles qui séparent les planches et assainir par tous les moyens possibles. Au printemps, il sera bon de donner un coup de rouleau pour briser les petites mottes, et un trait de herse ; par ces opérations, vous rehausserez le froment, vous détruirez les mauvaises herbes naissantes, vous ameublirez la terre et la rendrez plus accessible à l'air et à la rosée, les racines se développeront plus aisément et vous aurez rendu plus facile l'usage de la faux pour la récolte. La saison arrivée, il faut procéder au sarclage aussi souvent qu'il sera nécessaire.

Le blé, dans nos contrées, se récolte du 15 juillet au 15 août. La teinte jaune de la paille indique que le moment de l'abattre est venu. Il est très important de couper le blé qui est destiné à faire de la farine avant sa complète maturité ; d'abord on évite l'égrainage, puis il acquiert de la qualité en achevant sa maturité en tas, moyettes ou engrangement ; on doit au contraire laisser mûrir parfaitement celui qui est destiné à servir de semence.

Autrefois, pour couper le blé, on se servait exclusivement de la faucille ; on lui a substitué la faux, qui fait l'ouvrage plus rapidement et à moins de frais. Avec cet instrument, qui rase mieux le sol, on augmente la quantité de paille et on détruit les sommités des mauvaises plantes, ce qui les empêche de grainer et de se reproduire ; la moissonneuse mue par des chevaux est encore beaucoup plus expéditive que la faux ; elle est déjà adoptée dans les grandes exploitations, mais son usage présentera toujours des difficultés dans les terrains très en pente et sur des billons élevés. Le blé coupé est placé en javelles ou petits faisceaux qu'on ramasse ensuite pour être liés en gerbes. Pour ramasser, au lieu de se servir des bras, on doit employer une fourche en bois garnie de trois longues dents; on insinue entre la javelle et la terre deux dents, la troisième, placée au-dessus de la javelle, la maintient; on la porte ainsi sur le lien ouvert : l'ouvrage se fait plus vite et avec moins de fatigue. On doit faire les gerbes petites, parce qu'elles sont plus faciles à placer en meulons, surtout elles fatiguent moins le travailleur dans les chargements, déchargements et engrangements, et on les engage plus aisément dans les machines à battre. Il serait à désirer que la méthode de placer les gerbes en moyettes ou meulons fût généralisée dans le département; cette méthode abritant le blé contre la pluie, lui permet d'achever sa maturité en plein air, et permet aussi au cultivateur de choisir les jours favorables à la rentrée de la récolte ; on peut sans inconvénients laisser ainsi le blé plusieurs semaines.

Le moment le plus favorable pour faire le battage est l'hiver, parce que les ouvriers des fermes n'ayant plus de travaux urgents dans les champs sont disponibles, et si on fait le battage lentement, on dispose tous les jours des menues pailles et bouffes que le bétail mange avec plus de plaisir à l'état frais. Une variété de blé, dit blé de mars, se sème au printemps; quoique d'un moindre rapport que le blé d'automne, il peut, quand celui-ci n'a pas réussi, le suppléer.

Parlez-nous du seigle.

Après le blé, le seigle est la céréale la plus importante; il sert aussi à faire de la farine utilisée pour la nourriture de l'homme et des animaux ; cette farine est moins blanche et moins nourrissante que celle de froment, mais mélangée avec celle-ci, elle fournit un pain de bonne qualité. Le seigle est quelquefois livré à l'industrie, qui en retire de l'alcool. Sa paille, fine et rigide, sert à une foule d'usages.

On sème le seigle dès le mois d'août, de la même manière que le blé. Pour semer un hectare de terre, on emploie environ deux hectolitres de grain. Après la semaille, il exige les mêmes soins que le blé et se récolte de la même façon.

Toutes les terres qui sont trop maigres et trop légères pour porter du froment conviennent au seigle ; il s'accommode des expositions les plus froides. On sème quelquefois, sous le nom de méteil, un mélange de seigle et de blé. On peut couper le seigle vert pour servir de fourrage printanier. Une variété, le multicaule, qui tale beaucoup, c'est-à-dire qui pousse beaucoup de tiges, est surtout utilisée pour ce dernier usage.

Parlez-nous de l'orge.

L'orge a des usages aussi nombreux qu'importants. La farine, quoique plus courte que celle du froment, est susceptible de donner un pain rude et de qualité inférieure, mais sain et nourrissant ; son mélange avec celle de blé l'améliore beaucoup ; on mange aussi l'orge à l'état de gruau, d'orge mondé. En médecine, on la considère comme rafraîchissante, et tout le monde sait le parti considérable qu'en tirent les brasseurs pour la fabrication de la bière. L'orge en grain est, dans le Midi, et surtout en Afrique, substituée à l'avoine pour la nourriture des chevaux. Sa farine grossièrement moulue augmente considérablement le lait des vaches, engraisse rapidement les bœufs, les cochons et les volailles. Sa paille, que les cultivateurs n'emploient pas volontiers à l'alimentation des animaux, est très nourrissante. Cette répugnance ne paraît fondée que sur l'inconvénient que peuvent présenter à la mastication de l'épi les barbes dont il est pourvu. Ces barbes ou arêtes n'ont jamais produit de résultats fâcheux, et l'analyse chimique démontre que la qualité nutritive de la paille d'orge est supérieure à celle des pailles de froment et de seigle.

L'orge se trouve bien dans les terres de moyenne consistance, légères et un peu humides, mais égouttées. On la sème ordinairement dans le mois d'avril, à la volée ou au semoir et sous raie, dans les sols légers, avec la herse; dans les sols plus consistants, il est important de herser après la levée de la plante pour assujettir le sol. La quantité de semence à employer par hectare est de deux hectolitres à deux hectolitres et demi. L'orge se récolte à la fin d'août, sa maturité se reconnaît surtout à l'inclinaison, à la courbure prononcée que prennent les épis, et il faut faucher un peu avant sa maturité, car, trop sec, l'épi se détache facilement, la paille devenant très fragile à sa base.

Il existe une variété d'orge nommée orge d'hiver ou escourgeon, qu'on sème en même temps que le blé. Cette orge donne un rendement plus considérable et elle est très estimée comme orge de brasserie.

L'orge exige pour son entretien en terre et sa récolte les mêmes soins que le blé et se nourrit à peu près des mêmes principes. Aussi ne devrait-elle jamais, dans les assolements, suivre une céréale, mais bien une récolte de plantes sarclées ou fourragères.

Parlez-nous de l'avoine.

L'avoine sert surtout à la nourriture des animaux ; ses grains donnent peu de farine, et le pain qu'on en obtient est noir et de mauvaise qualité ; ils servent à fabriquer du gruau, qu'on peut utiliser comme aliment, surtout chez les enfants élevés à la main. On livre également l'avoine aux distilleries, pour en retirer de l'alcool. Tous les animaux de ferme mangent avidement l'avoine, et pour tous elle est un aliment de premier ordre. Aux chevaux, elle donne l'énergie et la résistance au travail ; elle augmente la quantité de lait chez la vache et la brebis nourrices ; elle concourt à l'engraissement de tous les animaux et entretient très bien les volailles. L'avoine est la plus vigoureuse des céréales, elle vient dans tous les terrains ; cependant elle préfère les terrains argileux et réussit très bien sur les prairies artificielles rompues et sur les défrichements.

Il y a deux principales variétés d'avoines, la variété d'hiver et la variété de printemps : celle d'hiver se sème dans le mois de septembre, celle d'été se sème en février et mars. Au printemps, on se trouve bien de semer aussitôt qu'on n'a plus à redouter les très fortes gelées et l'excessive humidité du sol. On suit ainsi un vieux proverbe dont il faut tenir compte : Avoine de février remplit le grenier. La quantité de semence à employer est de 200 à 250 litres par hectare. Dans les terres fortes on sème après labour, on herse et roule ; dans les terres légères, on sème et laboure ensuite. L'ensemencement se fait toujours à la volée.

L'avoine se récolte en août, on la coupe avec la faux armée d'un râtelet, on la place en andains. Comme l'avoine s'égrène facilement quand elle est sèche, il est nécessaire de la scier avant sa maturité ; elle achève parfaitement de mûrir en andains.

Plantes farineuses autres que les céréales.

Qu'est-ce que le sarrasin ?

Le sarrasin, aussi appelé blé noir, est une plante de la famille des polygonées ; d'origine asiatique, il est d'une grande ressource pour les contrées à sols arides et ingrats ; il craint le froid et les gelées. Cette plante est employée de trois manières différentes : 1º en farine, il sert à la nourriture de l'homme, on en fait des galettes, des bouillies et même du pain noir qui lève mal, mais qui est nourrissant et contient presque autant de gluten que le froment ; les grains entiers ou concassés sont donnés au bétail pour l'engraissement, les chevaux sont aussi bien entretenus par le sarrasin que par l'avoine ; 2º coupé en vert pendant sa floraison, il sert de fourrage ; 3º enfoui dans le sol quand il a atteint son développement, il sert d'engrais.

On peut semer le blé noir à toute époque de la belle saison, pourvu que la période des froids et des gelées soit passée. La rapidité de sa croissance est telle qu'il peut arriver à maturité dans deux mois et demi à trois mois ; aussi on peut le semer, comme plante dérobée, après la récolte du seigle, même après celle du blé ; il offre donc une ressource pour remplacer les prairies naturelles quand elles manquent.

PLANTES FARINEUSES. 61

Les abeilles sont très friandes de la fleur de cette plante. Ordinairement on ne donne qu'un labour pour semer le sarrasin; on le sème à la volée et l'on herse. Quand on veut récolter la graine, un demi-hectolitre de semence suffit; quand on veut le faire servir d'engrais, il faut en semer le double. Quand les grains ont acquis leur maturité, on peut le récolter de deux manières, soit en l'arrachant, soit en le coupant avec la faux; puis on en fait des bottes qu'on dresse en moyettes les unes contre les autres pour achever la maturité. Après le battage, il doit être étendu au grenier pour lui enlever son reste d'humidité.

Parlez-nous du maïs.

Dans un chapitre précédent, nous nous sommes occupé du maïs comme fourrage; nous ne dirons donc, dans ce chapitre, que ce qu'il présente de particularités comme plante farineuse. Quand les feuilles qui enveloppent les épis se dessèchent et jaunissent, le maïs est arrivé à maturité; on coupe alors les tiges à la serpe, on les rentre à la ferme dans un hangar ou une grange, on détache ensuite le fruit de sa tige et on le dépouille de ses enveloppes, moins deux ou trois feuilles propres à servir d'attaches pour lier plusieurs épis ensemble et les tenir suspendus côte à côte sur des cordes ou des perches placées dans des remises ou sous la saillie des toits des maisons. Quand on fait des récoltes abondantes, on peut construire à peu de frais des séchoirs à plusieurs étages et couverts de chaume ou d'une autre toiture légère. On peut encore emmagasiner les épis en les plaçant en tas, mais il faut les remuer souvent pour leur faire perdre leur humidité;

on peut aussi les faire sécher au four. Quand la dessiccation est complète, on égrène les épis soit en les frottant l'un contre l'autre, soit en les raclant contre une lame de fer placée sur un banc où l'ouvrier est assis. Il existe aussi une machine à égrainer le blé de Turquie avec laquelle l'ouvrage se fait bien plus rapidement. Quand l'égrenage est terminé, on vanne pour dépouiller les grains de tous corps étrangers. Il n'est aucune plante d'une utilité plus grande que le maïs ; il sert sous un grand nombre de formes différentes à la nourriture de l'homme : avec sa farine on prépare d'excellentes gaudes, c'est avec elle que les Italiens font la *pollenta* ; on en fait également du pain et des gâteaux. Ses grains sont une excellente nourriture pour tous les animaux, les chevaux s'en accommodent fort bien, ainsi que les porcs ; tout le monde connaît ses excellentes qualités pour l'engraissement des animaux de basse-cour. Dans notre département, les feuilles sèches du maïs sont employées pour litière, pour garnir les paillasses, etc. ; on peut aussi brûler les tiges comme menu bois.

Quelles sont les plantes farineuses qu'on peut encore cultiver avec avantage dans le département ?

Le millet et le sorgho, tous deux de la famille des graminées, peuvent prospérer dans nos pays. Ces plantes, dans le Midi, donnent en graines un produit rémunérateur ; mais en Bourgogne, où leur maturité est plus difficile, elles sont utilisées comme fourrage vert et peuvent rendre de grands services, surtout dans les années chaudes et peu favorables à la production des fourrages, car elles craignent beaucoup moins la chaleur et la sécheresse que nos autres céréales ; elles peuvent remplacer les cultures printanières détruites accidentellement et succéder en seconde récolte à celles qui cessent d'occuper le sol au commencement de l'été. On les sème à la volée et on prépare les terres comme pour ensemencer le maïs dont elles partagent les besoins et les goûts

Faites-nous connaître les plantes de la famille des légumineuses qui peuvent fournir de la farine.

Les principales sont : les fèves, les haricots, les pois et les lentilles.

Les fèves ont deux variétés principales : la fève de marais et la fève proprement dite ou féverole, qui est de beaucoup plus cultivée dans nos pays.

La fève ordinaire réussit très bien dans les terres fortes, argileuses ; on peut dire qu'elle s'accommode de presque tous les terrains, pourvu qu'ils ne soient pas trop légers et trop arides. Dans l'assolement triennal, on peut les semer dans les jachères ou sombres, mais il faut avoir préalablement cultivé la terre par un ou deux labours ; le blé vient très bien à la suite de la récolte des fèves, mais il faut bien fumer, car la fève est épuisante, quoique ses racines pivotantes puisent leur nourriture profondément. On les sème fin d'octobre et au commencement de novembre ; la gelée peut atteindre les feuilles et les faire jaunir, mais d'autres repoussent et la plante n'en est point gênée dans son développement. On sème à la volée ou en lignes, soit à la main, soit avec le semoir.

Semées en lignes, on peut les sarcler et les biner avec les instruments ; ainsi bien cultivées, elles donnent un produit plus considérable. Pour un hectare, on emploie 150 à 200 litres de féveroles ordinaires. La féverole arrive à maturité fin d'août ; on la récolte comme les céréales et le battage se fait de même.

On peut encore semer les féveroles avec une céréale de printemps ; on les récolte ensemble et il est facile, après le battage, de séparer les grains au moyen d'un crible.

La fève sert à la nourriture de l'homme; dans certaines contrées du Midi, on en fait de la soupe. Dans la Côte-d'Or, on la livre à la minoterie, qui en fait un grand commerce ; mais il y aurait grand avantage à la consommer dans les fermes : mélangée à l'avoine, les chevaux la mangent très bien, mais il faut préalablement la faire tremper dans l'eau pendant vingt-quatre heures ; réduite en farine grossière, elle peut être mélangée aux breuvages des animaux ; elle engraisse rapidement tous les ruminants, les porcs et les animaux de basse-cour. Quand on sèvre les veaux, au bout d'une douzaine de jours on peut les nourrir et les engraisser avec une partie de lait, trois parties de fèves délayées dans deux ou trois litres d'eau tiède ; avec cette ration, distribuée trois fois par jour, ils sont, au bout de six semaines, livrés à la boucherie et à un prix élevé.

Les haricots, dans le département de la Côte-d'Or, sont cultivés en horticulture, et surtout dans les vignes et les champs. Il y en a deux variétés principales : le haricot ramant et le haricot nain ; celui-ci est souvent cultivé dans les intervalles des pieds de pommes de terre et dans les espaces laissés libres dans les terrains emplantés de vignes. Si on veut le cultiver en grand, il faut choisir un sol léger et cependant substantiel et humide. On le sème en poquets ou en lignes, et on travaille le terrain comme pour les plantes sarclées. L'époque du semis est la fin d'avril et mai. Cette plante craint beaucoup les gelées ; son emploi comme nourriture est connu de tout le monde.

Les pois et les lentilles se sèment dans le courant de mars, le plus souvent en lignes, quelquefois à la volée, à raison de 150 à 200 litres par hectare, et se récoltent fin août et septembre. Ces plantes servent à la nourriture de l'homme et des animaux ; concassées ou réduites en farines, on peut les donner à toutes les bêtes de ferme, qui les mangent avec appétit et s'en trouvent bien pour l'engraissement. Leur paille peut être employée comme fourrage sec, pour les moutons surtout.

Des plantes oléagineuses.

Quelles sont les plantes oléagineuses qu'on peut cultiver avec avantage dans le département ?

Le colza et la navette. Elles appartiennent toutes deux à la famille des crucifères.

La culture du colza est une de celles qui sont le plus productives et qu'on doit s'efforcer de répandre ; elle a encore cet avantage de bien prospérer après toutes les cultures, pourvu que la terre soit passablement ameublie et bien fumée. Les terres qui lui conviennent bien sont les terres franches, substantielles et fraîches, mais bien égouttées, et les terrains nouvellement défrichés.

La navette ne diffère du colza que par ses feuilles, qui sont rugueuses, tandis que celles du colza sont lisses et gluantes ; les mêmes terres lui conviennent, mais elle est moins exigeante pour la qualité du sol et les soins de la culture. Elle donne des produits moins abondants et moins rémunérateurs.

On cultive deux sortes de colza et de navette, celle d'hiver et celle d'été.

Le colza d'hiver se sème de trois manières : à la volée, en lignes ou en pépinières, pour être transplanté. Dans les deux premiers modes, on sème dans la première quinzaine d'août et on emploie par hectare à peu près un kilogramme de semence. On le sème en pépinières en juillet pour le transplanter à la fin de septembre.

Si on le sème par la sécheresse, il faut avoir soin de rouler. Le moment le plus favorable pour la réussite des semis, c'est quand on peut les faire vingt-quatre heures après une petite pluie. Pour repiquer les plants venus en pépinière, on peut employer le plantoir ou la charrue ; on met 50 à 60 centimètres entre les lignes et 30 à 35 centimètres entre les plants. Quand on a semé à la volée, il est nécessaire, pour obtenir un meilleur produit, d'éclaircir les plants trop serrés ; on peut aussi les repiquer dans les places vides ; quand on a repiqué, il faut enterrer les pieds de colza jusqu'au collet.

Les semis en ligne ont l'avantage de permettre le binage et le buttage avec les instruments ; ce travail, fait avec soin, augmente beaucoup les produits. Le buttage sert aussi à préserver les plants de la gelée.

On récolte le colza dès que la paille a jauni et lorsqu'un tiers des siliques (enveloppes de la graine) commence à prendre une teinte noirâtre ; attendre plus longtemps, serait s'exposer à l'égrenage d'une partie des tiges. On le coupe à la faucille et on le place en javelles. Quand la dessiccation est complète, on saisit les javelles avec une fourche à trois dents et on les place sur un chariot ou sur une voiture garnie, les sommités toujours en dedans. Le battage peut se faire au fléau et au battoir ; on emmagasine les graines avec les débris des siliques et on remue souvent pour empêcher la moisissure.

La navette d'hiver ne se sème qu'à la volée, dans un sol également bien préparé. Tout ce que nous avons dit du colza peut s'appliquer à la navette ; l'époque favorable pour l'ensemencer est le mois de juillet ; on emploie huit à dix litres de graine par hectare. La navette craint peu la gelée et réussit même dans les terrains légers, sablonneux, calcaires ; la récolte se fait en juin.

Le colza d'été et la navette d'été se sèment : le premier en mai et la seconde en juin ; il faut employer un peu plus de graine que pour les variétés d'hiver ; le terrain doit également être bien préparé ; on récolte en septembre. Les produits et la qualité sont inférieurs à ceux du colza et de la navette d'hiver, mais quand ces derniers ont manqué, c'est une ressource qui supplée à leur défaut. Les produits que donne le colza sont une source de bénéfices pour le cultivateur ; l'huile qu'on obtient de sa graine a des emplois très variés, la consommation en est considérable, et la France, ne pouvant fournir à tous ses besoins, est encore tributaire de la Belgique. Les tourteaux (matons) qu'on obtient du résidu de ces graines, ainsi que de celles de la navette, fournissent un excellent aliment pour la nourriture et l'engraissement des animaux de la race bovine ; les pailles sont employées à faire la litière. Le colza peut aussi être utilisé comme fourrage vert à manger sur place.

Quelles sont les plantes oléagineuses et textiles ?

Ce sont le lin et le chanvre. Ces deux plantes, quoique de familles différentes, ont beaucoup d'analogie dans leurs produits ; toutes deux donnent de la filasse qui sert à fabriquer des cordages, des fils et des tissus; toutes deux donnent des huiles qui servent à l'éclairage et à la peinture. Le lin, plante de la famille des caryophyllées, vient dans tous les sols meubles, propres et riches en humus ; il faut le labourer et le herser plusieurs fois, avoir soin que le fumier soit très divisé par les différents labours ; s'il en était autrement, les plants viendraient inégalement, les uns courts, les autres grands. Il y a deux variétés de lin, celui d'hiver et celui d'été. Celui d'hiver se sème en automne, celui d'été en mars ou avril ; on emploie par hectare deux ou trois hectolitres de semence, selon le produit qu'on veut obtenir, car plus les plants sont serrés, plus la filasse est fine. La récolte se fait en septembre ; on arrache et on met en bottes, on coupe les racines et on étend pour obtenir une dessiccation complète, on le bat ensuite pour avoir la graine. Ces opérations terminées, les bottes sont immergées dans l'eau stagnante ou courante pendant le temps nécessaire pour dissoudre la matière gommeuse qui relie entre elles les fibres de la plante : c'est ce qu'on appelle rouir *(nayer)*; on les fait à nouveau sécher à l'air ou dans un four et on les brise pour obtenir la filasse qu'on détache des chènevottes : ce travail se nomme teiller. Le chanvre, plante de la famille des ortiées, aime un sol très riche, très amendé, chargé d'humus. On nomme chènevière les terrains dans lesquels on le sème, terrains trop riches pour recevoir des blés qui y verseraient toujours. Cette culture est très restreinte ; elle fait exception à la règle générale et peut être, sans interruption, continuée sur le même sol pendant plusieurs années. On sème le chanvre à la volée après avoir mis la terre en état ; 250 à 300 litres de graine sont nécessaires par hectare. L'époque la plus favorable est la première quinzaine de mai ; comme pour le lin on sème clair pour obtenir de la plus grosse filasse, et épais quand on désire de la filasse fine. La récolte du chanvre se fait généralement en deux fois, en août et septembre. Quand le chanvre mâle est défleuri, on l'arrache et on laisse le chanvre femelle sur pied jusqu'à ce que la graine soit mûre, ce qui se reconnaît quand elle a pris une teinte gris-verdâtre. On fait ensuite pour le chanvre les mêmes opérations que pour le lin.

Quelles sont les plantes industrielles et commerciales ?

Le tabac et le houblon.

1° Le tabac est une plante de la famille des solanées, dont tout le monde connaît l'usage. Sous l'empire des lois qui nous régissent, sa culture n'est point libre ; elle n'est permise que dans certains départements et cantons, où elle est soumise à des déclarations et des vérifications sévères par l'administration des impôts indirects.

Il y a plusieurs variétés de tabacs ; nous ne parlerons que de la variété vulgaire qui est cultivée en France : c'est le tabac à larges feuilles ; sa racine est blanche, fibreuse et très rameuse, sa tige est cylindrique, moelleuse, velue, à 2 ou 3 centimètres de diamètre et haute de 1^m20 à 1^m50. divisée en rameaux garnis de larges feuilles ovales et alternes ; à leurs extrémités poussent des fleurs purpurines, qui laissent pour fruits des capsules renfermant une grande quantité de graines très fines.

Le tabac ayant des racines fort chevelues et fort longues, il est nécessaire de choisir pour sa plantation une terre très ameublie, profonde, substantielle, ni trop légère, ni trop forte, fraîche, sans humidité. Ce que nous avons dit des terrains propres à la culture du lin et du chanvre peut s'attribuer à ceux qui conviennent au tabac ; comme cette plante est très susceptible à la gelée, on choisira les terres exposées au soleil, abritées des vents du nord et du nord-est, à surface plane, nourries de fumier bien consommé.

Un premier labour devra être fait avant l'hiver, un second au printemps ; peu de temps avant la plantation, il faudra bien épierrer le sol et détruire les mauvaises herbes. Quand le terrain est ainsi préparé, on le divise en lignes distantes les unes des autres de un mètre et on plante en quinconce ; cette distance de un mètre entre chaque pied est nécessaire pour éviter que les feuilles se touchent. Dans nos climats froids, il est nécessaire de semer les graines en pépinières. Cette opération se fait en février, à la volée, sur une couche froide composée de terre fine mêlée de terreau ; puis on recouvre de châssis pour préserver les jeunes pousses du froid, et quelquefois des paillassons pour éviter les fortes insolations. Quand les plants ont atteint 4 à 5 centimètres, fin avril ou commencement mai, on les arrache avec précaution de la couche après l'avoir arrosée, puis on les replante dans les terrains préparés et sur les lignes tracées ; autant que possible, il faut choisir pour ce travail un temps sombre pour assurer la reprise. On aura soin de laisser sur couche un certain nombre de plants pour remplacer ceux qui n'auraient pas repris après la transplantation. On se sert d'un plantoir pour repiquer et on affermit doucement la terre autour des plants. Les tabacs ainsi plantés, on aura soin de détruire les mauvaises herbes aussitôt leur apparition, soit avec la houe à main, soit avec la houe à cheval; on binera plusieurs fois le terrain et, en dernier lieu, on buttera pour augmenter l'alimentation des racines et entretenir la fraîcheur. Quand la tige a atteint 60 à 80 centimètres, on coupe les boutons à fleurs et on enlève les feuilles placées près de terre, qui pourraient être gâtées. Cette opération fait refluer la sève aux feuilles qui restent et favorise leur développement; il faut aussi avoir soin de détruire les bourgeons et repousses qui pourraient se produire et appauvriraient les feuilles principales. On plante à part, dans les meilleures expositions, des plants destinés à reproduire la graine: on les laisse se développer sans écimation; ces plants reproducteurs doivent recevoir les mêmes soins que ceux cultivés en plein champ. La meilleure semence est celle de la dernière récolte.

Les feuilles de tabac étant de grande dimension, sont susceptibles d'être déchirées par les fortes pluies, les orages, la grêle. Après ces accidents, on coupe de suite les feuilles avariées; il en repousse d'autres de moindre largeur, mais qui donnent toujours un peu de compensation aux cultivateurs.

Six semaines après le pincement, si la saison a été favorable et la culture bien faite, les feuilles sont arrivées à leur maturité. C'est à peu près la mi-septembre l'époque de la récolte; le matin, lorsque les feuilles ne sont plus mouillées par la rosée, on les coupe et on les laisse sur le sol ; puis, dans la journée, on les retourne deux ou trois fois pour les faire faner ; le soir même, on les attache en guirlandes et on les laisse sécher sous des hangars bien à couvert, qui doivent être un peu éloignés des habitations parce qu'elles exhalent une odeur et des gaz délétères; on les livre ensuite à l'administration des tabacs qui en a fixé le prix.

Parlez-nous du houblon.

Le houblon est une plante de la famille des urticées, dont les fruits ou cônes servent à la fabrication de la bière; elle est grimpante, vivace et dioïque comme le chanvre, c'est-à-dire que les fleurs mâles et les fleurs femelles sont placées sur des pieds différents. Les plants femelles seuls sont cultivés pour l'industrie. Dans nos pays, le houblon croît à l'état sauvage, mais il est loin de présenter les avantages que la culture a fait développer.

Les terres qu'on destine à former une houblonnière doivent être profondes de 60 à 80 centimètres, légères, plutôt sablonneuses que fortes, afin de permettre aux racines fines et délicates de s'y étendre facilement. Les sols calcaires et les terres franches, de consistance moyenne, sont les plus propres à cette culture, mais ils doivent être très perméables.

La préparation du terrain consiste à le travailler profondément, à le défoncer à la profondeur de 80 centimètres, à le purger des pierres et racines qu'il peut contenir. La fumure doit se faire avec de l'engrais bien consommé et placé à une grande profondeur : car plus les racines s'enfoncent en terre, mieux la plante supporte la sécheresse. S'il en était autrement, les fleurs tomberaient avant la maturité. L'exposition la plus propice à la formation d'une houblonnière est le sud et le sud-est, à l'abri du nord et de l'ouest, et éloignée des marais, des étangs et des routes : les premiers favorisent la gelée du printemps, les secondes souillent les graines par leur poussière.

On peut planter le houblon à deux époques différentes : en automne, en se servant des plants tirés dans de vieilles houblonnières : on peut alors avoir une récolte dès la première année; — au printemps, avec les plants dont on se sert ordinairement : ces plants sont des branches qui poussent de la souche et qu'on détache au printemps; les bons doivent avoir la grosseur du doigt, une longueur de 25 centimètres, ne pas être creux et porter trois ou quatre yeux. Ceux détachés sur des souches de trois à cinq ans sont préférables, parce qu'ils sont garnis de bourgeons plus rapprochés. On peut aussi se servir de boutures préparées l'année précédente; ces plants donneront alors des produits l'année suivante. Il faut avoir grand soin d'employer des plants qui mûrissent à la même époque pour rendre la récolte plus facile.

Pour planter, on fait dans le terrain des trous de 60 centimètres au carré et de 30 centimètres de profondeur; les plants doivent être placés à 2 mètres les uns des autres, en lignes ou en quinconces, les ruelles faisant face au sud. Dans chaque trou, on place de quatre à cinq plants éloignés à leur partie inférieure et rapprochés à leur partie supérieure; mais si on n'était pas certain que ces plants soient de même provenance, il faudrait ne planter qu'un plant, dans la crainte d'avoir sur la même

4

perche des houblons qui ne mûriraient pas à la même époque; on tasse autour, avec la main et le pied, la meilleure terre et le meilleur engrais qu'on peut se procurer; on peut encore se servir du plantoir. Il ne faut pas laisser les plants dépasser la surface du sol, à moins qu'ils n'aient déjà commencé à pousser. La plantation terminée, on creuse un peu autour des plants pour conserver l'eau de pluie ou d'arrosement.

Quel doit être l'entretien de la houblonnière la première année ?

Quand les jeunes pousses sont montées, on place un échalas à chaque pied et on attache avec des brins de paille les jeunes tiges appelées *vignes*, en les contournant toujours dans le sens du parcours du soleil ; si on veut économiser ces petites perches, on peut, dès la première année, avec avantage, procéder à l'emperchement comme si la houblonnière était en rapport, puis on bine la terre en l'aplanissant; plus tard, on bine encore pour détruire les mauvaises herbes et on amoncelle la terre autour de la naissance des tiges; ces petits monticules ont pour but de garantir les plants du froid et faciliter l'écoulement des eaux. On arrache les échalas en automne et on taille les pousses à 10 centimètres de la surface des monticules.

Quels sont les soins à donner la deuxième année et les années suivantes ?

Au mois de mars, on donne un labour avec une pioche à deux dents et on relève les monticules. Quand les tiges ont atteint 50 centimètres de hauteur, on doit s'occuper de la plantation des perches destinées à faire grimper les tiges. Ces perches peuvent être de bois de différentes essences ; elles doivent être droites, fortes, 6 mètres de longueur et de 30 centimètres de pourtour à 1 mètre de la base. On taille en pointe le gros bout qu'on brûle à l'extérieur ou qu'on goudronne à chaud ou qu'on carbonise ; puis on pratique en terre un trou avec une tige en fer que l'on fait entrer de force ; on implante ensuite à sa place la perche de manière à l'enfoncer jusqu'au fond pour lui donner de la solidité.

Les perches doivent être placées à 40 centimètres des monticules pour ne point blesser les racines ; trois perches suffisent pour un intervalle de deux trous espacés de 3 mètres.

On peut remplacer les perches par des fils de fer ; ce moyen, plus économique, se pratique en plantant des poteaux de distance en distance qui servent à tendre des fils de fer horizontalement ; à ces fils de fer on en attache d'autres perpendiculairement qui servent à faire grimper les tiges.

Les autres années, avant de procéder à la plantation des perches, on taille les racines de cette façon : on écarte avec précaution la terre du monticule jusqu'à ce que les racines soient mises à découvert ; celles des tiges qui ont porté fruit sont taillées de manière à ce qu'il ne leur reste que deux ou trois yeux, qui fourniront les nouveaux rejetons. Cette opération se fait du 15 mars au 15 avril. On se sert d'un couteau droit, tranchant et porté de bas en haut.

Si une souche de houblon vient à périr, que faut-il faire ?
Il faut, comme pour la vigne, faire un provignage en couchant des sarments du pied voisin que l'on conduit et fait saillir à la place de la souche qu'on remplace.

Les jeunes racines, beaucoup moins fortes que les anciennes, sont coupées à 15 centimètres de longueur ; à mesure que les tiges poussent, on les attache autour des perches avec des liens très lâches, toujours en les contournant selon le cours du soleil.

Doit-on laisser les tiges et pousses de houblon se développer en toute liberté ?

Il faut, jusqu'à la hauteur de 1m50, débarrasser la base des tiges des feuilles et des pampres en les coupant avec un sécateur ou un ciseau ; cette opération a pour but de permettre à l'air et au soleil de mieux pénétrer à travers les rangées. Comme pour beaucoup d'autres arbres, le pincement des cimes oblige la sève à se porter sur les branches latérales et favorise la production des cônes. Ces remarques, empruntées à M. Jourdheuil, nous semblent pratiquement et théoriquement très justes ; il en est de même du conseil qu'il donne de placer obliquement les fils de fer d'ascension quand on se sert de cordons métalliques pour soutenir les tiges.

A quelle époque se fait la récolte du houblon ?

La récolte du houblon se fait ordinairement en automne. La maturité s'annonce par un changement de couleur des feuilles ; les cônes qui étaient d'un vert jaunâtre, prennent une teinte d'un vert jaune doré ; les écailles sont serrées, ont les pointes rosées, et offrent à leur base la sécrétion jaune aromatique ; leurs amandes, blanches, sont bien formées et les graines sont dures et brunes. Si on récoltait le houblon trop tard, les écailles des cônes s'entr'ouvriraient et laisseraient échapper la poussière jaune qu'on nomme lupuline, et dont l'abondance donne la qualité au houblon.

Pour opérer la récolte, on arrache les perches et on soutient leur extrémité supérieure sur des chevalets; on détache les branches porte-fruits qu'on place dans de vastes paniers, et plus tard on fait la cueillette des cônes auxquels on doit laisser toujours un petit fragment du pédicule pour éviter l'effeuillage; on les transporte ensuite dans de vastes greniers où on les éparpille en ayant soin de les remuer tous les jours jusqu'à parfaite dessiccation. On peut avec avantage multiplier les surfaces de dessèchement en étendant les cônes sur des claies suspendues les unes au-dessus des autres avec écartement de 40 centimètres. Quand la température est humide, on doit aider à la dessiccation par l'emploi de poêles ou de calorifères. C'est alors qu'on doit les mettre en tas pour leur permettre de reprendre un peu d'humidité avant de les emballer dans des sacs; on évite ainsi de les briser.

Quelles sont les conditions surtout indispensables pour réussir dans la culture du houblon ?

Employer beaucoup d'engrais et multiplier les binages; une houblonnière bien entretenue doit durer de dix à douze ans.

Comment conserve-t-on les pe ches après la récolte ?

Après les avoir dépouillées des tiges on les emmagasine, ou mieux on les place en tas debout, les extrémités supérieures rapprochées et les inférieures écartées; elles forment alors des cônes qu'on maintient avec un lien circulaire fabriqué avec des tiges de houblon tordues ensemble

Comment et à quelles époques doit-on cultiver les houblonnières en rapport ?

En octobre, après la récolte du houblon, après le placement des perches et l'enlèvement des sarments, on couvre toute la surface du sol avec l'engrais dont on peut disposer, puis on laboure avec la charrue ou la bêche de 10 à 15 centimètres de profondeur.

Fin de mars, après la taille et l'emperchement, second labour, mais moins profond.

En juillet, troisième labour, puis plus tard des binages chaque fois qu'ils sont nécessaires.

CHAPITRE VII.

Engrais, amendements.

Que deviendraient les terres qu'on cultive si on les abandonnait à leurs propres ressources ?

Elles ne tarderaient pas à perdre leur fertilité, les éléments fécondants qu'elles contenaient étant épuisés.

Que faut-il faire ?

Il faut rendre à la terre ce qui a été pris à la terre; telle est la loi qui s'impose fatalement à l'agriculture et à laquelle elle ne peut se soustraire, sans voir s'abaisser progressivement le rendement de ses produit .

Comment y parvient-on ?

En ajoutant à la terre les amendements ou engrais.

Qu'entendez-vous par amendements ou engrais ?

Les amendements ou engrais sont tout ce qui, déposé à la surface du sol et mêlé à la terre arable, augmente ou rétablit sa fécondité en lui fournissant les matières organiques ou minérales nécessaires à la végétation.

Doit-on distinguer les amendements des engrais?

Nullement, les amendements ne sont autres que des engrais; ils concourent, comme ces derniers, à fournir aux plantes des éléments nécessaires à leur nutrition, seulement ces éléments sont plus spécialement minéraux.

Enumérez-nous les engrais minéraux ou amendements qui peuvent être employés avec succès et économie dans le département de la Côte-d'Or.

Les principaux sont : 1° la chaux, la marne, le plâtre, les cendres, les boues de route, les plâtras, le phosphate de chaux fossile où à l'état de noir animal provenant des raffineries de sucre ou fourni par les os pulvérisés.

Il faut, pour employer avec succès ces divers amendements, connaître la nature, l'état et la composition du sol qu'on se propose de modifier, en y introduisant ce qui lui manque : ainsi aux sols siliceux, granitiques, tourbeux et à tous ceux auxquels fait défaut l'élément calcaire, on donnera de la chaux.

Qu'est-ce que la chaux?

La chaux résulte de la calcination de pierres calcaires; elle s'exécute dans des fourneaux spécialement construs et chauffés soit au bois soit à la houille.

Comment l'emploie-t-on?

Pour l'employer, on la dispose en petits tas placés à distance égale et qu'on recouvre de terre; on la laisse ainsi jusqu'à ce qu'elle soit fusée, c'est-à-dire réduite en poudre; on la répand ensuite sur la surface du sol et on laboure légèrement pour l'enfouir. La quantité nécessaire pour un hectare est d'environ cinquante hectolitres. La chaux possède encore la propriété de détruire les insectes de la surface du sol. Nous parlons, bien entendu, de la chaux grasse et non des chaux maigres ou hydrauliques qu'il ne faut jamais employer.

Qu'est-ce que la marne?

La marne est un composé de chaux et d'argile dans des proportions diverses : si la chaux domine, elle prend le nom de marne calcaire; si l'argile est en plus grande quantité, on l'appelle marne argileuse. La marne s'emploie dans les mêmes circonstances que la chaux; elle apporte aussi au sol l'élément calcaire; cependant, dans un sol argileux, la marne calcaire concourt singulièrement à diviser et modifier la compacité de la terre, et dans un sol siliceux-granitique, la marne argileuse, tout en lui apportant l'élément calcaire, lui donne plus de compacité et le fait mieux résister aux agents atmosphériques.

La marne se trouve toute formée dans la nature, elle est ordinairement blanche et douce au toucher, quelquefois colorée; elle se délaye dans l'eau comme l'argile et fait effervescence avec les acides.

Comment l'emploie-t-on?

Pour l'employer, on la dispose en gros tas sur la surface du sol : elle doit ainsi passer l'hiver; puis, au printemps, on la répand sur la terre dans la proportion de soixante à quatre-vingts mètres cubes par hectare. Les engrais minéraux ne dispensent point des engrais organiques qu'ils aident à décomposer.

Qu'est-ce que le plâtre ?

Le plâtre ou gypse est du sulfate de chaux : on l'emploie à l'état cru ou après cuisson; on le classe dans les amendements stimulants sans cependant qu'on puisse se rendre compte de son mode d'action. Il convient surtout aux fourrages légumineux, trèfle, luzerne, vesces, dont il active vigoureusement la végétation et double les produits.

Comment l'emploie-t-on ?

Pour l'employer, il faut choisir un temps calme, lorsque les feuilles sont humides de pluie ou de rosée; on le répand alors à la volée à raison de deux à trois hectolitres par hectare. Deux époques sont surtout favorables pour son emploi, lors de la première végétation des plantes ou après leur première coupe. C'est un amendement dont il ne faut pas abuser.

Qu'est-ce que les cendres ?

Les cendres, qu'on a aussi classées dans les amendements stimulants, sont le résidu de la combustion du bois : on les emploie de préférence après avoir été lessivées; elles agissent sur le sol en raison de la chaux et de la potasse qu'elles contiennent; leur action augmente le produit des céréales, des navettes, des prairies artificielles et naturelles; chez ces dernières, elles détruisent les mousses et améliorent la quantité de l'herbe et sa qualité. On les répand à la volée par un temps sec.

Parlez-nous du phosphate de chaux.

Le phosphate de chaux est un des amendements ou engrais destiné à jouer un grand rôle dans certaines terres, en y apportant l'élément calcaire et l'élément phosphoré; ce dernier doit entrer forcément en certaines proportions dans la constitution des plantes, des céréales surtout. Sa provenance a trois origines : le noir animal des raffineries de sucres, les os des animaux et les phosphates fossiles. On annonce qu'à ce dernier état, il a été découvert dans le département de la Côte-d'Or : ce sera une grande ressource; quelle que soit sa provenance, on l'emploie à l'état pulvérulent; il convient surtout dans les terrains siliceux à l'état de superphosphate, il produit son effet dans les sols calcaires.

Y a-t-il encore d'autres amendements analogues à ceux que vous venez d'énumérer et s'employant de même façon ?

On peut ranger dans la même catégorie le sable, surtout comme diviseur des terrains compactes, les scories de forges pulvérisées, les plâtras de démolition, les boues de routes, etc.

Parlez-nous des engrais organiques.

Les engrais organiques se divisent en trois espèces : les engrais végétaux, les engrais animaux et les engrais végéto-animaux.

Les engrais végétaux les plus employés sont : les récoltes enfouies en vert, les fanes, les herbes de toutes sortes, les tourbes, les marcs, les tourteaux provenant des plantes oléagineuses (maton), le résidu des brasseries, la sciure de bois, le tan, la suie, etc.

Quelles sont les plantes qui conviennent pour être enfouies en vert ?

Ce sont celles qui croissent rapidement et qui puisent beaucoup d'éléments nutritifs dans l'air, tels que le sarrasin, le colza, la vesce, les secondes pousses de trèfle. On doit choisir pour les renverser l'époque de leur floraison.

Quels avantages présentent ces sortes d'engrais?

Ils sont avantageux dans les terrains chauds et légers, surtout pour ceux qui sont éloignés de la ferme : on évite ainsi les frais de transport d'autres engrais.

Comment emploie-t-on quelques-uns des engrais que vous avez énumérés?

La tourbe, le tan, la sciure de bois ont besoin d'être mélangés avec de la chaux, qui enlève leur acidité et facilite leur décomposition.

Quels sont les engrais animaux?

Ce sont la chair et le sang des animaux morts ou abattus, les excréments de toutes sortes, la poudrette, la colombine, le guano, les chiffons de laine, les râclures de cornes, etc.

Qu'entendez-vous par engrais végéto animaux?

Ces engrais, qui sont encore désignés sous le nom d'engrais mixtes, sont un mélange de substance végétale et de matière d'origine animale; on les appelle vulgairement les fumiers de ferme. On les produit avec les déjections liquides et solides des animaux mélangées aux litières et débris de nourriture.

Comment emploie-t-on le fumier?

On peut, en le sortant de l'étable, le conduire de suite dans les champs; il faut alors l'épancher sans retard et le mettre en terre par un labour, autrement il perdrait, par évaporation, une partie de ses propriétés fécondantes.

Le plus souvent on le conserve en tas dans la cour de

la ferme. Si l'on veut en tirer tout le parti possible, on doit le conditionner de cette façon : choisir pour le placer un terrain légèrement en pente, de manière à ce que le jus ou purin qui s'en écoule puisse être recueilli dans des fosses; on le dispose par couches tassées et nivelées de 30 à 40 centimètres d'épaisseur. Si on avait la précaution de saupoudrer chaque couche avec du plâtre ou du sulfate de fer (couperose verte), on empêcherait l'évaporation du carbonate d'ammoniaque, qui est très fécondant en raison de l'azote qu'il contient; cet ammoniaque se trouverait fixé par l'acide sulfurique du plâtre ou du fer.

Quelles sont encore les précautions à prendre pour faire conserver au fumier toute sa valeur?

On devrait toujours le recouvrir d'une toiture qui le préserverait des pluies et de l'action du soleil, puis l'arroser souvent avec le purin recueilli dans les fosses.

Comment doit-on encore employer le purin?

Le purin, conduit dans des tonnes et répandu par arrosage sur les terres et les prairies, augmente beaucoup leur fertilité; mais dans l'emploi sur les prairies, il faut toujours le mélanger, au moins par moitié, avec de l'eau.

Qu'entend-on par engrais normal?

L'engrais normal est le mélange de fumiers provenant de chevaux, bœufs, moutons et porcs; il sert de type de comparaison (sa composition, à l'état sec, est : carbone, 25.8; oxygène, 25.8; hydrogène, 4.2; azote, 4; sels et terre, 32.2).

Quel est le meilleur engrais?

On peut poser en principe que le meilleur engrais est

celui qui renfermera une forte proportion de matière organique azotée et qui se décomposera le plus sûrement durant la période de végétation des plantes.

Que doit-on faire quand le fumier est conduit dans les champs ?

L'enfouir le plus tôt possible pour empêcher l'évaporation des principes qu'il contient.

La nourriture des animaux influe-t-elle sur la qualité du fumier ?

Le bétail qui reçoit une nourriture abondante et substantielle produit du fumier de meilleure qualité que celui qui provient d'animaux mal nourris, parce qu'il contient plus de matières animales.

Qu'entend-on en agriculture par compost ?

En agriculture, un compost est un mélange d'amendements et engrais de provenance végétale et animale, de terre, de balayures de ferme, de vieille paille, de foin détérioré, de matières fécales, d'urine, de plâtras; tout ou partie de ces diverses matières doivent être mélangées de temps à autre quand la fermentation s'y est établie.

Quand il y a rareté de paille, on peut placer sous les animaux des terres argileuses ou sablonneuses, suivant la nature du sol sur lequel on veut les répandre, qui, mêlées aux excréments, forment un excellent compost.

CHAPITRE VIII.

Conservation des récoltes en meules, gerbiers et silos.

Qu'est-ce que les meules et gerbiers?

Quand dans une ferme les granges et greniers sont insuffisants pour loger les céréales et fourrages, on les entasse en plein air.

Pour les céréales ces tas s'appellent gerbiers, et pour les fourrages meules; ils peuvent être ronds ou rectangulaires.

Comment les établit-on?

On les établit de cette façon. Pour les ronds, on trace sur le sol un cercle de la grandeur qu'on veut donner à la meule ou au gerbier; on creuse autour du cercle un fossé de 50 centimètres à 1 mètre de profondeur, dont on rejette les terres sur le terre-plein du centre; sur le terre-plein, préalablement bien battu, on établit une couche de fagots recouverts de paille et on construit ensuite le gerbier, en lui donnant la forme d'un œuf dont l'extrémité inférieure serait tronquée; on place au centre du cercle un lit de gerbes en superposant les épis, puis des rangs de gerbes doubles ou triples, selon le diamètre du gerbier, jusqu'à la limite de la circonférence; les épis doivent toujours être tournés en dedans et les gerbes bien tassées les unes contre les autres; le gerbier ne doit guère dépasser 4 mètres de hauteur à cause de la facilité du chargement; cette élévation atteinte, on place des gerbes presque debout de manière à former un cône, puis on recouvre par une toiture en paille fortement maintenue par des crochets en bois fixés dans le gerbier.

Les gerbiers rectangulaires carrés longs exigent moins de précaution pour leur construction : pour former les angles, on place deux gerbes en X en tournant toujours l'épi en dedans, puis on continue les rangées des parois; dans l'intérieur, les gerbes sont entassées très serrées; on monte ces gerbiers à la même hauteur que les ronds et on les termine en forme de toits que l'on recouvre de paille, puis d'une toiture.

Les meules de fourrages se construisent de la même manière, ainsi que celles des pailles; seulement on façonne à la fourche, et après avoir bien tassé uniformément, on peigne à l'extérieur, puis on fait une toiture en paille.

Toutes les récoltes placées en plein air sont moins sujettes à la vermine que celles qui sont engrangées.

Qu'est-ce qu'un silo?

Quand on n'a pas suffisamment de celliers et de caves pour conserver les racines après leur récolte, on peut les placer en plein champ en ayant soin de choisir un lieu peu éloigné de la ferme pour éviter les frais de transport. On place les racines sur une largeur de 1^{m}50 à 2 mètres et sur une longueur qui varie suivant la quantité qu'on veut conserver; on les empile en tas offrant deux plans inclinés réunis au sommet comme le toit d'une maison et d'une hauteur de 1^{m}20 à 1^{m}50; on recouvre de paille bien serrée, puis l'on creuse tout autour un fossé de 50 à 60 centimètres de largeur et profondeur; avec la terre qui en sort on couvre de nouveau les tas; ce recouvrement doit avoir de 30 à 40 centimètres d'épaisseur; à la rigueur, on peut se passer de recouvrir de paille. Il faut avoir soin de ménager au sommet, de distance en distance, des trous dans lesquels on place un drain debout; ces petites cheminées servent à aérer les racines et permettent au gaz de fermentation de s'échapper; on peut remplacer les drains par des fagots placés verticalement : c'est cet arrangement des racines en plein champ qu'on appelle silo.

CHAPITRE IX.

De la viticulture.

Parlez-nous de la vigne.

La vigne est un arbuste sarmenteux de la famille des ampélidées, qui produit le raisin, fruit à grappes, bon à manger et dont le jus donne le vin après fermentation.

La Côte-d'Or est un des départements dont les produits vinicoles sont remarquables par leur quantité et surtout par leur qualité.

Quand on veut planter une vigne dans ce département, que faut-il faire?

Il faut surtout considérer : 1° La nature du sol; 2° son altitude; 3° son exposition, et 4° le choix du plant.

1° *Sols.* — Les sols calcaires, siliceux, granitiques. La vigne, cependant, s'accommode très bien des grosses terres à blé comme des terrains maigres et arides, pourvu qu'ils n'aient pas d'excès d'humidité et qu'ils soient perméables.

La vigne peut venir là où tout autre végétal aurait peine à prospérer;

2° *Altitude*. — Tous ces terrains ne jouiront de leurs avantages que s'ils se trouvent dans une situation un peu élevée et inclinée à l'horizon; dans un vallon étroit et humide, la vigne sera plus sujette à la gelée et le raisin pourrira avant sa maturité; à une grande altitude, sa peau, durcie par la sécheresse et les vents, ne renfermera qu'un suc rare et acide, mûrissant difficilement faute de chaleur;

3° *Exposition*. — Bien certainement, l'exposition au midi est la plus recherchée pour la plantation de la vigne, celle du levant est aussi recommandable, quoiqu'on ait remarqué qu'elle était la plus sujette à la gelée; c'est peut-être à tort qu'on rejette l'exposition du nord. Nous connaissons beaucoup de vignobles placés dans cette exposition et qui réussissent très bien; ils sont moins sujets aux effets désastreux du printemps, parce que les vents du nord dessèchent la terre et enlèvent l'humidité, qui est le plus grand ennemi de la vigne;

4° *Plants*. — En général, pour le choix du plant, il sera prudent de se conformer à l'usage du pays et de se décider pour les plants de vigne qui y réussissent le mieux; on aura égard à l'expérience, qui a démontré que dans tel climat d'un pays, tel plant réussit bien, tandis que dans tel autre climat, le même plant donne de moins bons résultats.

Quels sont les plants les plus répandus dans la Côte-d'Or?

Je ne parlerai que des plants qui forment la presque totalité des vignobles du département : ce sont les pinots noirs et blancs qui donnent les grands vins, et les gamays qui produisent les vins communs; dans ces derniers, il y a des variétés. Si le planteur veut spéculer sur la qualité, qu'il prenne le petit gamay ordinaire et autres équivalents; s'il veut rechercher la quantité, qu'il choisisse le gros plant de Bévy, etc.

La végétation chez les pinots étant plus printanière, ils sont plus exposés aux gelées du printemps que les gamays.

Quand on a fait choix de la variété de vigne qu'on désire planter, que faut-il faire?

Choisir le mode de multiplication de cette vigne.

Quels sont les divers modes de multiplication de la vigne?

On multiplie la vigne par bouture, chevelée et plants en racines.

La bouture est un sarment de l'année coupé près du tronc avec ou sans crochet ou crossette et muni au moins de quatre yeux. La chevelée est un sarment couché sous terre et ayant pris racine sans être séparé du cep.

Le plant enraciné est une bouture ayant pris racine en pépinière. Si l'on veut planter économiquement, on doit préférer la bouture; mais dans les terrains trop légers et trop maigres, elle réussit mal et nécessite des replantations trop nombreuses.

La plantation en chevelée est plus sûre pour la reprise que la plantation en bouture, mais elle devient fort coûteuse et nuit à la vigne-mère qui l'a produite.

Le plant raciné, dont la reprise est plus assurée que

celle de la bouture, s'obtient ainsi : il faut choisir un terrain frais, généreux, bien cultivé et ameubli, enfouir une rangée de boutures sur le côté incliné d'un petit fossé de 40 centimètres de profondeur, recouvrir de terre d'une épaisseur de 15 centimètres, la bien fouler et recommencer un nouveau lit. Les boutures doivent être placées à 8 centimètres les unes des autres.

Le moment le plus favorable à la reprise des boutures est le printemps, avril et mai. Les plants enracinés, au contraire, demandent à être mis en terre à la fin de l'automne.

Comment faut-il préparer le sol destiné à la plantation de la vigne ?

Il faut le défoncer à 50 centimètres de profondeur, mélanger la couche inférieure du terrain avec la couche supérieure, se munir d'engrais ou de terreau, quand on le peut, qu'on répandra autour des plants lors de la plantation.

Si on veut planter la vigne dans un terrain qui en a déjà porté, il ne faut le faire que quand ce terrain aura été pendant un certain temps rajeuni par une autre culture améliorante, telle que le sainfoin.

Comment doit-on planter la vigne ? Quelles sont les différentes méthodes employées dans le département pour la plantation de la vigne ?

On y plante la vigne de différentes manières : en faisant des fossés de 30 à 40 centimètres de profondeur et 50 centimètres de largeur, on couche le plant dans le fond du fossé en le couvrant de terre, en ayant soin de relever une extrémité et de laisser hors terre à l'état libre deux ou trois yeux. On doit toujours planter en lignes pour faciliter la culture; ces lignes doivent avoir 1 mètre de largeur et les plants espacés entre eux de 60 à 80 centimètres; ce mode ne convient bien que quand on plante des plants racinés. Le mode le moins dispendieux est la plantation des boutures; on les place perpendiculairement dans un trou fait au piquet ou à la pioche, trou assez profond pour pouvoir cacher au moins trois yeux de la bouture, enracinée ou non; on remplit l'excavation avec du terreau ou de la terre bien meuble et on tasse autour de la bouture, mais légèrement.

Qu'est-ce que le provignage?

Le provignage est l'enterrage en fosse profonde d'une souche principale munie d'un ou plusieurs sarments qu'on recouvre de terre pour leur faire prendre racine et en former ainsi autant de ceps nouveaux; à leur sortie de terre ces sarments sont rabattus à deux ou trois bourgeons au-dessus du sol.

On pratique le provignage ou le recouchage dans plusieurs buts; ainsi, quand on a planté en fossés au bout de trois ans, on disperse ses sarments sur le talus opposé du fossé pour peupler la vigne. Quand on suppose, quand on s'aperçoit qu'une vigne placée dans un terrain maigre est épuisée, on la recouche pour lui procurer dans une nouvelle terre de nouveaux aliments.

Mieux vaut de beaucoup laisser la vigne s'ensoucher sur place; si les ceps sont assez espacés, elle trouvera assez de nourriture dans le sol pour prospérer, et on aura des raisins de meilleure qualité, les sarments qui les portent prenant naissance sur du vieux bois, et puis les racines pénétrant plus profondément dans la terre, n'auront pas l'inconvénient d'être lacérées par les binages, ce qui arrive dans les provignages et les recouchages.

Y a-t-il d'autres moyens de remédier à l'épuisement d'une vigne ?

On y remédie par des fumures faites avec des engrais choisis.

Quels sont les engrais qui conviennent plus spécialement à la vigne ?

Le fumier de ferme, bien consumé, est généralement l'engrais le plus sûr, il doit être enfoui après la vendange et avant la végétation; l'enfouir autour des ceps est une bonne méthode.

Doit-on tenir les souches des vignes élevées ou basses ?

Dans les climats tempérés, les vignes basses sont plus avantageuses, parce qu'elles profitent mieux de la chaleur.

Quel est le principe fondamental de la taille ?

On taille les vignes suivant leurs forces; court, lorsque les ceps sont faibles, et long, lorsqu'ils sont vigoureux; il en est de la vigne comme des arbres fruitiers : plus la taille est courte, plus les pousses de bois sont vigoureuses et le fruit rare; plus la taille est longue, plus les fruits sont abondants et les sarments faibles.

D'autres principes peuvent encore régir la taille; on peut, dans les plants, laisser une branche intacte appelée branche à fruits, on l'étend sur le palissage ou on la recourbe sur l'échalas voisin. Cette méthode convient surtout aux pinots, chez lesquels on a remarqué que les fruits étaient surtout abondants aux extrémités des tiges; il n'en est pas de même chez les gamays.

A quelle époque doit-on pratiquer la taille?

Au printemps, en avril et mai, lorsqu'on peut déjà s'assurer que les bourgeons montrent un commencement de gonflement; car on est ainsi assuré que les froids humides de l'hiver ne les ont pas détruits.

Comment doit-on attacher la vigne?

La vigne étant un arbrisseau rampant, il est nécessaire de la relever soit en attachant ses rameaux à un échalas planté au pied de chaque cep, soit en les fixant à des fils de fer tendus horizontalement le long de chaque ligne; on peut encore réunir les sommets des sarments et les attacher ensemble à leur extrémité.

A quelles époques doit-on bécher, piocher ou biner les vignes?

En mars, avril et mai, en août et septembre. Cependant, dans les pays sujets aux gelées printanières, il sera prudent de ne commencer le piochage qu'au mois de mai, quand on ne craint plus les gelées. Tout le monde sait que la terre récemment remuée favorise les effets de la gelée sur les végétaux peu élevés. Quand la vigne est en fleur, il faut s'abstenir de la travailler.

Qu'est-ce que l'ébourgeonnement et le pincement?

Ce sont deux opérations qui ont un même but : le premier consiste à détruire les pousses qui ne portent point de fruits; le second, à pincer ou couper les extrémités des sarments qui portent des fruits; la sève, étant ainsi détournée, se porte sur les fruits, qui viennent plus gros, étant mieux nourris.

Quand doit-on vendanger?

Lorsque le raisin est mûr et par un beau temps. Avant

de le verser dans les cuves, on l'égrappe si on veut avoir un vin moins dur; si on veut obtenir une meilleure conservation, on l'écrase avec la grappe. Au bout d'un certain temps, la fermentation s'opère, elle a pour but de transformer en liquides alcooliques la matière sucrée que contient le moût. Dans les années où la maturité du raisin n'est pas complète, on peut ajouter au moût, et avant la fermentation, du sucre ou de la cassonade; on remplacera ainsi le principe sucré qui n'avait pu se former. On peut ajouter un dixième de raisin blanc au fond de la cuve pour dissoudre la matière colorante et accélérer la fermentation. On doit avoir pendant la fermentation le soin de couvrir les cuves et d'empêcher ainsi le contact de l'air avec la gène qui surnage sur le liquide, contact qui pourrait produire de l'aigreur. On doit aussi avoir la précaution de refouler les cuves chaque fois que la fermentation est ralentie; quand une heure après le refoulage la fermentation ne reprend pas, il faut, pendant un certain temps, laisser la cuve en repos pour permettre au vin de s'éclaircir; on procède ensuite au soutirage, c'est-à-dire qu'on extrait le vin des cuves, et on remplit des tonnes ou tonneaux préalablement tenus bien propres. Toutes ces opérations que nous venons d'énumérer se nomment faire le vin. Puis on presse la gène ou résidu qui reste dans les cuves. Le liquide qui s'écoule s'appelle pressurage, on peut l'ajouter au vin contenu dans les tonnes pour lui donner de la vigueur ou le conserver à part. Au printemps suivant, au mois de mars, on procède au soutirage, c'est-à-dire qu'on transvase le vin dans d'autres tonneaux, également bien propres, pour le séparer du dépôt ou lie qu'il a déposé dans les premiers vases; il faut, autant que possible, faire ce travail par un temps clair.

Pour faire le vin blanc, on écrase le raisin, puis on le presse et on recueille le jus dans des tonneaux qu'on laisse ouverts et dans lesquels il fermente. Quand la fermentation est achevée, on remplit et on bouche. On peut aussi faire du vin blanc avec le raisin rouge; mais, pour cela, il faut le cueillir, écraser et presser très rapidement pour éviter la coloration.

CHAPITRE X.

Du jardinage et de l'arboriculture fruitière.

Le jardin est-il utile dans une exploitation agricole?

Il est de première nécessité, il comprend ordinairement deux parties distinctes : 1° le jardin potager, qui sert à cultiver les légumes; 2° le verger, qui sert à cultiver les arbres fruitiers. Ces parties sont tantôt réunies, d'autres fois distinctes.

Le jardin doit être situé à proximité de l'habitation pour mettre sous la main de la ménagère les légumes et fruits; il doit être dans le voisinage de puits, mares ou fontaines; car les plantes qu'on y cultive demandent des arrosages fréquents. Ces plantes, étant de natures diverses, puisant dans le sol des principes différents, doivent être soumises, comme pour les plantes de grande culture, à la règle des assolements. Exemple : premier carré, bien fumé, portera, la première année, les légumes mangés en vert, tels que choux, laitues, poireaux; la deuxième année, les légumes-racines, tels que carottes, navets, oignons, et la troisième année, les plantes qui se récoltent en graine, telles que haricots, pois, lentilles, etc.

Les légumes ont-ils une grande utilité dans le ménage ?

Seuls ou unis aux viandes, ils sont une nourriture saine et indispensable à la santé; le jardin doit toujours en être abondamment fourni. Quand on se sert d'eau de fontaine ou de puits pour les arrosages, il faut la laisser exposée à l'air et au soleil avant de l'employer.

Comment se reproduisent les plantes potagères ?

Soit en ensemençant leurs graines sur la place qu'elles doivent occuper jusqu'à leur complet développement, soit en les semant en pépinières, pour repiquer ensuite les plantes lorsqu'elles ont acquis un certain développement. On doit avoir soin, dans un potager, d'enlever les mauvaises herbes et de biner souvent pour rendre la terre plus perméable et l'empêcher de devenir trop compacte.

Parlez-nous du verger.

On appelle verger un terrain spécialement occupé par les arbres fruitiers. Pour planter les arbres fruitiers, il faut choisir une exposition chaude et abritée, préférer les flancs de coteaux bien aérés aux fonds trop humides qui sont plus exposés aux gelées tardives et fournissent aux arbres une sève trop aqueuse.

Comment multiplie-t-on les arbres ?

On peut multiplier les arbres : 1° par *semis*, en répandant au printemps, dans un terrain propice, les noyaux ou pépins que les fruits produisent.

2° Par *bouture*, en plantant dans une terre convenablement préparée une jeune branche du sujet qu'on veut reproduire pour lui faire pousser des racines.

3° Par *marcotte*, en recourbant une branche sans la détacher du sujet qui l'a produite, en la fixant dans la terre et en laissant son extrémité saillir hors de terre; quand elle a poussé des racines, on la détache du tronc et on la plante dans l'endroit qu'on lui destine.

4° Par *rejetons*, les racines de certains arbres, tels que le prunier, le cerisier et d'autres encore, poussent souvent des bourgeons qui sortent de terre qu'on nomme rejetons; si l'on coupe en terre ces rejetons en leur conservant des racines et qu'on les replante, on obtient des sujets nouveaux qui se développent très bien.

5° Par *greffe*. La greffe est une opération par laquelle on soude sur un arbre un rameau ou un œil d'un autre arbre de même espèce ou variété, de manière à obtenir que la sève du sujet greffé nourrisse la greffe qu'on lui a incorporée; la greffe change la tête du sujet. Cinq méthodes sont employées pour obtenir ces résultats; la première, ou *greffe en fente*, se pratique ainsi : On coupe en travers la branche du sujet qu'on veut greffer, on la fend légèrement de haut en bas, puis dans cette fente on insère la petite branche à bourgeon qu'on a taillée en biseau, de manière à placer écorce contre écorce; on fait une ligature, puis on met toutes ces plaies à l'abri de l'air, de l'eau et du soleil, en les couvrant soit de cire à greffer, de poix ou d'autres enduits.

2° *La greffe en couronne* se pratique comme la greffe en fente. On la réserve pour les sujets trop gros pour être fendus; alors on introduit dans le pourtour de la partie sectionnée entre le bois et l'écorce les greffes qu'on veut reproduire et on recouvre d'enduits.

Ces greffes se font au printemps, lorsque la sève monte dans le sujet. Il est important, pour greffer, de choisir des rameaux bien développés de l'année précédente. Pour bien réussir, on les coupe pendant l'hiver et on les conserve piqués dans la glaise humide; de cette façon, on retarde leur entrée en sève, et on les conserve verts jusqu'au moment de s'en servir.

3° La *greffe en écusson* se fait : 1° au printemps. Lors de la montée de la sève, on l'appelle à *œil poussant*, car elle pousse de suite; 2° au mois d'août, à l'ascension de la sève d'automne, alors elle prend le nom de *à œil dormant*, parce qu'elle ne pousse guère qu'au printemps suivant.

Pour pratiquer cette greffe, on détache un œil bien mûri en conservant de la peau au-dessus et au-dessous; puis, après avoir pratiqué une incision en T dans l'écorce du sujet, on soulève délicatement les bords de l'incision et on y introduit l'œil ou écusson, puis on lie de préférence avec des fils de laine. L'essentiel est qu'il n'existe point de vide entre le dessous de l'écusson et le bois contre lequel il est accolé. Quand la reprise est assurée, on coupe le sujet au-dessus de l'écusson pour faire profiter celui-ci de toute la sève.

4° La *greffe par approche* ne peut se pratiquer que sur deux plants très rapprochés l'un de l'autre; pour opérer cette greffe, on enlève une partie d'écorce et même de bois d'égale dimension, et à la même hauteur sur les deux branches qu'on choisit, on réunit les plaies de façon qu'elles se recouvrent le plus exactement possible et que les couches corticales se correspondent; on lie solidement au niveau du contact et on abrite comme pour la greffe en fente.

5° La *greffe en flûte,* destinée surtout au châtaignier, n'est point employée dans le département.

Quels sont les avantages de la greffe?

Avec la greffe on rajeunit en quelque sorte les vieux sujets, et c'est le plus sûr moyen d'obtenir et de propager une espèce déterminée. Les arbres greffés sont plus productifs que les arbres francs de pied.

Quelles sont les précautions à prendre pour planter et transplanter les arbres?

1° Il faut longtemps à l'avance faire les trous destinés à recevoir les arbres pour permettre à la terre de s'ameublir par son contact avec l'air et le soleil, et de mieux recouvrir les racines.

2° Les trous doivent avoir 1 mètre carré de surface et 60 centimètres de profondeur, afin que les racines puissent facilement, dans leur premier essort, pénétrer dans cette terre préparée;

3° Il ne faut point trop enfoncer les racines, afin que l'air et les arrosages par la pluie ou artificiels puissent pénétrer jusqu'à elles;

4° Avant de planter le sujet, il faut le débarrasser des branches inutiles et ne conserver que les principales et les mieux placées, pour donner plus tard à l'arbre la direction, la forme qu'on désire;

5° Avoir soin que le côté de l'arbre qui était exposé au midi conserve la même position; cela s'appelle *orienter un arbre;*

6° Couper les racines lacérées et placer les autres avec précaution;

7º La terre qui recouvre les racines doit être tassée avec soin pour éviter les vides; la greffe ne doit jamais être enterrée;

8º On ne doit planter les arbres que quand la sève est arrêtée; la chute des feuilles est un indice de cet arrêt.

Parlez-nous de l'entretien des arbres.

L'entretien des arbres comporte surtout trois opérations principales :

1º Le serfouissage, qui est le labour qu'on donne au sol autour des troncs, a pour but de détruire les herbes et de faciliter la pénétration dans la terre des agents extérieurs : air, chaleur, et c'est après le serfouissage qu'on applique les engrais;

2º La taille a pour but de donner aux arbres la forme qu'ils doivent prendre, soit par agrément, soit pour se conformer à la disposition du terrain qu'ils doivent occuper; mais elle a surtout en vue de favoriser la fructification; pour y parvenir, voici quelques principes qu'il est utile de mettre en pratique : couper les branches inutiles et conserver les branches à fruits, à moins qu'il n'y en ait trop; les branches à supprimer sont coupées près du tronc; celles à conserver, près du dernier œil. En général, on coupe court quand l'arbre est faible et plus long quand il est vigoureux; la section doit toujours être très nette et unie; il sera très avantageux de la recouvrir d'un enduit, soit du goudron de gaz pour empêcher la pénétration de la pluie;

3º L'échenillage consiste surtout à détruire les nids où sont déposés les œufs qui doivent produire les chenilles; il faut le faire avec précaution, et si les chenilles sont écloses, les détruire par l'écrasement ou tout autre moyen. Il est bon aussi d'enlever les mousses et les écorces crevassées qui entourent les branches.

CHAPITRE XI.

Constructions rurales.

Parlez-nous des constructions rurales.

— L'emplacement des bâtiments destinés à une exploitation rurale, quand on a le choix, doit présenter les conditions suivantes :

1° Ces bâtiments doivent être rapprochés du centre de l'exploitation;

2° Sur un terrain un peu élevé, sans avoir des rampes d'un accès difficile ;

3° Avoir dans le voisinage de l'eau salubre, être éloignés d'eaux stagnantes et marécageuses;

4° Etre abrités des vents humides et froids du sud-ouest et du nord-ouest;

5° Présenter une étendue suffisante pour pouvoir y placer tous les bâtiments nécessaires à l'exploitation.

Les bâtiments se composeront : 1° d'une maison d'habitation avec caves et cuisine communiquant facilement avec une laiterie dont la température sera de 12 à 18 degrés; 2° d'une chambre à four et lessive, séparée des autres bâtiments, dans la crainte d'incendie; elle servira aussi à la cuisson et manutention des racines et farines destinées à la nourriture des animaux; 3° d'écuries, étables, bergeries, loges à porcs; la meilleure exposition pour ces bâtiments est celle de l'est à l'ouest;

4° de granges, fenils et hangars; ces derniers pour loger les instruments. Tous ces bâtiments doivent être bien aérés et bien éclairés. Les écuries des chevaux doivent être construites d'après les règles suivantes : l'aire doit être pavée ou bétonnée et plus élevée que le sol et présenter une pente de 8 à 10 centimètres de la mangeoire à la rigole d'écoulement du purin, pour empêcher la stagnation des urines et d'autres liquides; la hauteur du plancher doit être de 3 à 4 mètres, ce plancher doit être bien joint pour maintenir la température et empêcher les émanations d'altérer les fourrages des fenils placés au-dessus. Chaque cheval doit avoir un emplacement de 3 mètres de longueur et 1^{m}70 de largeur. Les portes doivent être élevées et larges de 1^{m}65; les fenêtres, plus larges que hautes, doivent être à 2 mètres du sol et se fermer à volonté. On construira dans les écuries des boxes pour les juments poulinières.

Les étables pour les bêtes à cornes auront plancher et pavé analogue à l'écurie des chevaux; le plancher aura 3 mètres de hauteur. On aménagera de manière à ce que 1^{m}50 de largeur et 4 mètres de longueur soient réservés pour chaque bœuf. Les portes et fenêtres auront également les mêmes dispositions que pour les écuries des chevaux. Les planchers des bergeries auront 2^{m}50 de hauteur; on calculera que chaque mouton doit occuper un espace de 1^{m}20 carré. Les portes doivent avoir à peu près 3 mètres de largeur en raison de la vivacité avec laquelle se précipitent ces animaux pour entrer et sortir.

Dans les fenils, on aura soin de pratiquer quelques petites ouvertures dans les murs pour faciliter le dégagement des gaz produits par la fermentation des fourrages emmagasinés.

CHAPITRE XII.

De la comptabilité agricole.

Quel est le but de la comptabilité agricole?

La comptabilité agricole a pour but de permettre au cultivateur de se rendre compte du résultat financier de ses différentes opérations, soit : dépenses de culture, achat, entretien des instruments agricoles et des clôtures, gage des domestiques, des journaliers, redevances au propriétaire s'il exploite en ferme, dépenses pour achat d'animaux, dépenses de ménage; soit : en recettes, provenant des ventes des céréales et autres produits de la terre, des fourrages, pailles, des ventes d'animaux et des différents objets que le ménage peut produire.

De quelle manière et comment peut on procéder?

Au commencement de chaque année, on fera l'inventaire détaillé de tout ce que possède le cultivateur et de tout ce qu'il doit; ce qu'il possède sera son actif ou avoir, ce qu'il doit sera son passif ou débit.

A la fin de chaque année on fera, d'une part, le total de l'actif, de l'autre, le total du passif; l'excédant de l'actif sur le passif indiquera la somme que possède le cultivateur; l'excédant du passif sur l'actif indiquera ce qu'il doit; il saura donc ce qu'il aura perdu ou gagné, et ce résultat le guidera pour les opérations à venir.

La comptabilité la plus facile pour les petites cultures est la comptabilité en partie simple; elle demande peu de temps et de travail, elle exige simplement un livre-journal sur lequel on inscrit jour par jour les recettes et les dépenses, et un grand livre ayant au verso le doit, et à la page suivante les recettes ; ainsi toutes les dépenses doivent être inscrites à la page *doit* et les recettes à la page *avoir*. Chaque semaine, ou au moins chaque mois, il reportera au grand-livre le contenu du journal, le *doit* d'un côté, l'*avoir* de l'autre ; on peut y insérer diverses mentions, par exemple les termes des payements qu'on doit effectuer ou recevoir, etc.

JOURNAL.

Pages du grand livre.	Année mois et jour.	DÉTAIL DE LA VENTE OU DE L'ACHAT.	F.	C.
	1877.	Janvier.		
	6 Janvier.	Vendu une vache à la foire d'Arnay . . .	240	»
	Id.	Acheté le même jour 3 petits cochons, en tout	92	»
	17 Janvier.	Achat d'une charrue Meugnot	47	»
		Mois de Février.		
		Etc.		

DOIT. **GRAND LIVRE.** AVOIR.

Pages du journal	DÉTAIL.	F.	C.	Pages du journal	DÉTAIL.	F.	C.
1	Achat de 3 cochons.	92	»	1	Vente d'une vache à Arnay	240	»
1	Achat d'une charrue Meugnot	47	»		Etc.		
	Total . .	139	»		Total . .	240	»

La balance entre ces deux sommes donne 101 francs en faveur de l'avoir.

CHAPITRE XIII.

Des maladies chez les animaux.

Comment divise-t-on les maladies ?

En *externes*, quand leur siége est à l'extérieur; en *internes*, quand leur siége est dans l'intérieur du corps.

En *contagieuses*, quand elles se transmettent d'un animal malade à un animal sain.

En *épizootiques*, quand elles atteignent dans les localités un grand nombre de sujets à la fois.

Comment reconnaît-on qu'un animal est malade ?

Un animal malade paraît triste, ne mange pas, porte la tête basse; ses membres sont quelquefois raides, d'autres fois agités, ses extrémités sont plus froides, d'autres fois plus brûlantes que dans l'état de santé, souvent il se roule et se remue constamment, d'autres fois s'obstine à rester couché.

En général le pouls est agité et les membranes de la bouche, des yeux sont plus rouges.

Les maladies externes se reconnaissent par l'examen attentif de la surface extérieure du corps, par la marche.

Que doit-on faire quand on s'aperçoit qu'un animal est malade ?

Le faire visiter aussitôt par un médecin-vétérinaire breveté et suivre exactement ses prescriptions.

Quand on ne peut avoir de suite la visite de l'homme de l'art, ou si les accidents menacent, nous allons indiquer pour quelques maladies seulement les moyens que le cultivateur peut mettre en usage lui-même en attendant le médecin :

Si un jeune animal, quelques jours après sa naissance, est atteint de constipation ou s'il n'a pas tété le premier lait, qui est purgatif, il faut lui donner des lavements huileux ou salés.

Si un cheval est atteint de colique, suite d'indigestion, il faut lui administrer un demi-litre de café noir, donner des lavements d'eau salée et le promener.

Pour les plaies et contusions, il faut faire d'abord et constamment des applications d'eau froide ou de glace sur les parties atteintes, plus tard les frictionner avec de l'eau-de-vie camphrée.

Quand les animaux ruminants sont pris de météorisme (enflés), il faut arroser le dos, les flancs avec de l'eau froide et leur faire prendre un mélange d'eau froide et d'alcali dans cette proportion : on ajoute à chaque litre l'eau deux cuillerées d'alcali, on en administre à un bœuf ou à une vache un litre, à un mouton un demi-verre.

Si on manque d'alcali, on peut le remplacer par de d'eau salée, et on peut répéter les doses plusieurs fois.

Si ces moyens ne réussissent pas et que l'animal menace d'être asphyxié, il ne faut pas hésiter à lui percer le flanc avec un trocart, dont on laisse le tube en place; si on n'a pas de trocart, on se sert d'un couteau effilé, et on place dans l'ouverture un tuyau de sureau; les gaz s'échappent alors par ces petites cheminées; le point précis où l'on doit enfoncer l'instrument est dans le côté gauche, au milieu d'un triangle formé par trois points : le rein, la partie saillante des os de la hanche et la dernière côte. Avec cette méthode, on arrive sûrement à la panse, qui est le siége du météorisme. Une autre maladie, le charbon, demande à être mise en traitement aussi rapidement que possible. S'il est externe, on s'aperçoit de son apparition par une ou plusieurs tumeurs qui se développent à la surface du corps. Ces tumeurs sont très dures, peu sensibles, leur marche est rapide ; il faut aussitôt les opérer, en procédant de cette façon : les inciser, les scarifier avec un instrument tranchant et cautériser profondément toutes ces plaies avec l'acide phénique pur, puis les recouvrir avec des tampons d'étoupes imbibées du même acide. Si le malade menace de prendre la fièvre charbonneuse, ce qui arrive quand le virus charbonneux a pénétré dans le sang, il faudra avoir recours au traitement du charbon interne, qui n'est autre que la fièvre charbonneuse.

Dès qu'un animal présente les signes avant-coureurs du charbon interne, il faut lui administrer dans un litre d'eau 6 à 8 grammes d'acide phénique, répéter la dose si la maladie n'a pas cédé, puis faire des injections sous-cutanées avec la solution suivante : 1 gramme acide phénique pour 100 grammes d'eau et en employer un verre par injection ; on en fera plusieurs à la surface du corps. Pour injecter, il faut ainsi procéder : si on a à sa disposition un trocart, on l'enfonce obliquement sous la peau à la profondeur de 7 à 8 centimètres ; on retire le trocart et on laisse la canule en place, puis on embouche le tube avec une seringue chargée du liquide et on pousse. On pourra plusieurs fois, selon le besoin, répéter ces injections.

Le sang de rate, chez le mouton, doit être traité de la même manière ; mais on ne fera prendre qu'un verre de cette solution, cette dose pourra être répétée.

Dans tous les cas, quand une écurie, un troupeau auront présenté des cas d'affections charbonneuses ou de sang de rate, il ne faut pas hésiter à faire chaque jour prendre une dose de solution à tous les animaux comme moyen préservatif ; puis on arrose les écuries avec de l'eau phéniquée. Ces diverses méthodes, indiquées et expérimentées par le docteur Diclat, ont donné d'heureux résultats. La médication phénique réussit également dans la cocotte ou fièvre aphtheuse ; seulement, il faut avoir soin de joindre au traitement interne la cautérisation des ulcères partout où ils se trouveront, et employer pour le faire une solution d'acide phénique dans la glycérine à 15 0/0. Dans le piétin, la cautérisation des parties malades avec l'acide phénique donne des succès nombreux. Mais que le cultivateur mette toujours en pratique ce principe : dès qu'un animal paraît atteint de maladie contagieuse, quelle qu'en soit sa nature, il faut aussitôt le séparer des autres.

CHAPITRE XIV.

Des lois qui régissent la vente des animaux.

VICES RÉDHIBITOIRES.

On appelle vices *rédhibitoires* les défauts cachés de la chose vendue qui la rendent impropres à l'usage auquel on la destine, ou qui diminuent tellement cet usage que l'acheteur ne l'aurait pas acquise ou n'en aurait donné qu'un moindre prix s'il les avait connus.

Loi du 20 mai 1838 qui régit la matière.

Art. 1ᵉʳ. — Sont réputés vices rédhibitoires et donneront seuls ouverture à l'action résultant de l'art. 1641 du Code civil, dans les ventes et échanges des animaux domestiques ci-dessous déterminés, sans distinction des localités où les ventes et échanges auront lieu, les maladies ou défauts ci-après, savoir :

Pour le cheval, l'âne ou le mulet : la fluxion périodique des yeux, l'épilepsie ou le mal caduc, la morve, le farcin, les maladies anciennes de poitrine ou vieilles courbatures, l'immobilité, la pousse, le cornage chronique, le tic sans usure des dents, les hernies inguinales intermittentes, la boiterie intermittente pour cause de vieux mal.

Pour l'espèce bovine : la phthisie pulmonaire ou pommelière, l'épilepsie ou mal caduc,

Les suites de la non-délivrance, \
Le renversement du vagin ou } après le part chez le vendeur.
de l'utérus,

Pour l'espèce ovine : la clavelée : cette maladie reconnue chez un seul animal entraînera la rédhibition de tout le troupeau. La rédhibition n'aura lieu que si le troupeau porte la marque du vendeur. Le sang de rate : cette maladie n'entraînera la rédhibition du troupeau qu'autant que, dans le délai de garantie, sa perte constatée s'élèvera au quinzième au moins des animaux achetés. Dans ce dernier cas, la rédhibition n'aura lieu également que si le troupeau porte la marque du vendeur.

Art. 2. — L'action en réduction du prix, autorisée par l'art. 1644 du Code civil, ne pourra être exercée dans les ventes et échanges d'animaux énoncés dans l'article 1ᵉʳ ci-dessus.

Art. 3. Le délai pour intenter l'action rédhibitoire sera, non compris le jour fixé pour la livraison, de trente jours pour le cas de fluxion périodique des yeux et l'épilepsie ou mal caduc; de neuf jours pour tous les autres cas.

Art. 4. — Si la livraison de l'animal a été effectuée ou s'il a été conduit, dans les délais ci-dessus, hors du lieu du domicile du vendeur, les délais seront augmentés d'un jour par 5 myriamètres de distance du domicile du vendeur au lieu où l'animal se trouve.

Art. 5. — Dans tous les cas, l'acheteur, à peine d'être non recevable, sera tenu de provoquer, dans les délais de l'article 3, la nomination d'experts chargés de dresser procès-verbal. La requête sera présentée au juge de paix du lieu où se trouvera l'animal. Ce juge nommera immédiatement, suivant l'exigence des cas, un ou trois experts qui devront opérer dans le plus bref délai.

Art. 6. — La demande sera dispensée du préliminaire de conciliation, et l'affaire instruite et jugée comme matière sommaire.

Art. 7. — Si, pendant la durée des délais fixés par l'article 3, l'animal vient à périr, le vendeur ne sera pas tenu de la garantie, à moins que l'acheteur ne prouve que la perte de l'animal provient de l'une des maladies spécifiées dans l'article 1er.

Art. 8. — Le vendeur sera dispensé de la garantie résultant de la morve et du farcin, pour le cheval, l'âne et le mulet, et dans la clavelée pour l'espèce ovine, s'il prouve que l'animal, depuis la livraison, a été mis en contact avec des animaux atteints de ces maladies.

Pour que l'action rédhibitoire soit recevable, il ne suffit

pas que l'acquéreur ait fait constater le vice rédhibitoire par des gens de l'art avant l'expiration du délai fixé, soit par lui, soit par l'usage ; il faut que l'action elle-même ait été intentée avant l'expiration de ce délai.

CHAPITRE XV.

Calendrier agricole.

JANVIER.

On doit déjà dans ce mois, si la saison est favorable, labourer les terres destinées aux diverses semailles du printemps ; quand les terres sont gelées, le moment est favorable pour transporter le fumier. On doit réparer les haies vives, les tondre, faire épurer les terres ensemencées par des rigoles d'écoulement, continuer les battages et égrenages ; surveiller les racines conservées et l'engraissement des animaux.

FÉVRIER.

Les travaux de février sont la continuation de ceux du mois précédent. C'est le moment d'irriguer les prés après les pluies et les fontes des neiges. On peut, sans inconvénient, faire pâturer les prés par les moutons, et, si le temps le permet, à la fin du mois, commencer les semailles d'avoine, de blé de mars et de féveroles.

MARS.

Continuer les semailles commencées en février. On peut aussi semer des fourrages verts : vesces, pois, lentilles, carottes. On plante les topinambours. Labours et hersages des terres destinées aux orges, aux racines.

Semailles dans les céréales d'hiver des prairies artificielles ; semaille des prairies naturelles ; cesser d'envoyer les moutons dans les prés, tailler les vignes, faire les provignages, continuer les irrigations, épancher avec soin les taupinières et fourmilières.

AVRIL.

Continuer les semailles de mars, céréales du printemps, orge, ainsi que celles des prairies artificielles et naturelles, celles des betteraves et carottes. Planter les pommes de terre, commencer les labours des jachères. A la fin de ce mois, donner aux vaches les différents fourrages qui sont prêts à être coupés en vert, et conduire les moutons dans les pâturages artificiels qui leur sont destinés. Fumer les blés par-dessus.

MAI.

Herser et rouler avoines et orges, continuer les labours des jachères, échardonner, semer le colza de printemps, semer les vesces et maïs pour fourrages.

Mettre le bétail au vert, ne le faire que progressivement pour éviter les diarrhées et le météorisme ; on fera bien, dans ce but, quand le bétail est en stabulation, de mélanger de la paille aux fourrages verts ; ajouter beaucoup de paille au fumier des étables qui sont très liquides à raison de la nourriture en vert.

JUIN.

Semer la navette d'été, le sarrasin ; biner les pommes de terre, betteraves et autres plantes sarclées ; retrancher les terres labourées au printemps ; récolter les navettes et colzas d'hiver, commencer la fenaison, aérer les étables, tondre les moutons.

JUILLET.

Continuer la fenaison, conduire le fumier dans les jachères, labourer les terres qui portaient les colzas et navettes pour les préparer à recevoir les semailles d'hiver; reterrer les pommes de terre et autres racines; récolte du seigle, de l'avoine d'hiver; commencement de la moisson des blés; battre du seigle pour se procurer des liens.

AOUT.

Continuation de la moisson des blés, puis moisson des orges et avoines; donner le dernier labour aux jachères ou sombres; biner les récoltes sarclées s'il en est besoin; semis du colza et de la navette d'hiver; récolter le maïs comme plante fourragère; battage du blé de semence.

SEPTEMBRE.

Récolte des vesces, de la dernière coupe des prairies artificielles, des regains, des sarrasins. Arrachage des pommes de terre, betteraves et carottes, leur placement dans les celliers et silos. Semaille des vesces d'hiver dans la deuxième quinzaine; commencement de la semaille du blé; on commence à engraisser les porcs.

OCTOBRE.

Semaille des blés pendant tout le mois; achever la rentrée des racines. Après la semaille, curage des raies d'écoulement et d'irrigation; labour des grosses terres pour céréales du printemps.

NOVEMBRE.

Quand le temps le permet, labours d'hiver, entretien des rigoles d'écoulement et d'irrigation, battage des grains, égrenage du maïs.

DÉCEMBRE.

Quand il fait un temps favorable, continuer les travaux du mois précédent; quand il gèle, conduire des engrais dans les champs, soigner les fumiers, visiter les silos, continuer l'engraissement des porcs, achever le battage.

CHAPITRE XVI.

Proverbes et dictons agricoles.

Peut-on prévoir à l'avance le temps qu'il fera à telle ou telle époque ?

Les anciens, à la suite d'une longue expérience, ont trouvé que souvent le temps qu'il a fait à tel ou tel jour, à telle ou telle saison de l'année, indiquait pour tel jour ou telle saison les incidents météorologiques qui devraient se produire. S'il est vrai que les proverbes sont la sagesse des nations, on doit ajouter quelque foi à ces dictons, ne pas trop s'y fier cependant, la plupart des traditions populaires que l'on répète de confiance étant souvent de purs préjugés.

Quels sont les pronostics relatifs aux mois de l'année, les plus répandus dans la Côte-d'Or?

JANVIER.

Belle journée aux Rois,
L'orge vient sur les toits.

———

Le jour de la Saint-Vincent,
Tout gèle ou tout détend.

De Saint-Paul la claire journée
Nous dénote une bonne année.

Prends garde au jour de la Saint-Vincent,
Car si ce jour tu vois et tu sens
Que le soleil soit clair et beau,
Nous aurons plus de vin que d'eau.

Il vaut mieux le loup sur le fumier
Qu'un homme bras nus travaillant en janvier.

FÉVRIER.

Si le soleil se montre et luit
A la Chandeleur, vous verrez
Qu'encore un hiver vous aurez.
Partout gardez bien votre foin,
Car il vous sera de besoin.

S'il tonne en février,
Il faut jeter les fûts sur le fumier.

Pluie et neige de février
Valent du fumier.

MARS.

Autant de brouillards en mars,
Autant de gelées en mai.

Quand mars fait l'avril,
L'avril fait le mars.

Mars sec et beau
Remplit caves et tonneaux.

AVRIL.

Le vent qui souffle le jour des Rameaux à midi, souffle presque constamment pendant six semaines.

Pâques pluvieuses,
Souvent fromenteuses.

A la Saint-Georges
Sème ton orge,
A la Saint-Marc
Il est trop tard.

Quand la lune rousse est passée,
On ne craint plus la gelée.

Tant que dure la rousse lune,
Les fruits sont sujets à fortune.

Quand il tonne en avril,
Le laboureur se réjouit.

Pluie d'avril,
Remplit grange et fenil.

Bourgeon qui pousse en avril,
Met peu de vin au baril.

En avril nuée,
En mai rosée.

MAI.

Sème tes haricots à la Sainte-Croix,
Tu en récolteras plus que pour toi ;
Sème-les à la Saint-Gengoult,
Un t'en donnera beaucoup ;
Sème-les à la Saint-Didier,
Pour un tu auras un millier.

La Pentecôte
Donne les foins ou les ôte.

Quand l'aubépine est en fleur,
Le temps est en rigueur.

Quand il pleut à la Sainte-Pétronille,
Pendant quarante jours elle trempe sa guenille.

JUIN.

S'il pleut à la Saint-Médard,
La récolte diminue d'un quart ;
S'il pleut à la Saint-Barnabé,
Elle diminue de moitié.

Pluie de Trinité,
Fait dépérir les blés
Jusqu'au grenier.

Saint Jean doit une averse,
S'il ne la paye pas, saint Pierre la doit.

C'est le mois de juin
Qui fait le foin.

JUILLET.

Au mois de juillet,
La faucille au poignet.

AOUT.

Pluie d'août
Donne miel et bon moût (vin).

En août
Il pleut du moût.

Tonnerre au mois d'août,
Abondance de grappes et bon moût.

SEPTEMBRE.

Au sept septembre sème ton blé,
Car ce jour vaut du fumier ;
Sème tes blés à la Saint-Maurice,
Tu en auras à ton caprice ;
Sème-les à la Saint-Denis,
Tu contempleras tes semis.

OCTOBRE.

Sème le jour de la Saint-François,
Ton grain aura du poids.

NOVEMBRE.

Telle Toussaint,
Tel Noël.

A la Toussaint les blés semés,
Les fruits serrés.

DÉCEMBRE.

A Noël les moucherons,
A Pâques les glaçons.

Soleil à Noël,
Neige à Pâques.

Noël à son pignon,
Pâques à son tison.

Dites-nous les autres proverbes relatifs à plusieurs mois et à diverses influences atmosphériques.

Janvier le fier, froid et frileux,
Février le court et fiévreux,
Mars poudreux, avril pluvieux,
Mai joli, gai et venteux,
Dénotent l'an fertile et plantureux.

Hâle de mars, rosée de mai et pluie d'avril,
Valent mieux que le chariot du roi David.

Août mûrit, septembre vendange,
En ces deux mois, tout bien s'arrange.

Année neigeuse,
Année plantureuse.

Pluie dès le matin,
N'arrête pas le pèlerin.

Arc-en-ciel du matin,
Fait mouvoir le moulin ;
Arc-en-ciel du soir,
Espoir.

Le premier orage qu'il fait,
Aux autres donne un chemin tout fait.

Quand les oignons ont trois pelures,
Grande froidure.

Temps pommelé, fille fardée,
Ne sont pas de longue durée.

Temps rouge au matin,
Met la pluie en chemin.

S'il pleut par la bise,
Il en tombe jusqu'à la chemise.

Chat qui se peigne, poule qui se plume, canard qui se lave, hirondelle qui rase la terre, sont signes de pluie prochaine.

Grand cercle autour de la lune, la pluie est près ; petit cercle autour de la lune, la pluie est loin.

Rougeurs du temps annoncent grand vent.

Année de sécheresse a toujours fait richesse.

Peu de fruits sur le groseillier,
Peu de blé au grenier.

Vigne en fleur,
Ne veut ni vigneron ni seigneur.

Qui vend son fumier,
Vend son pain ;
Qui vend sa paille,
Vend son grain.

CHAPITRE XVII.

De la prévision du temps.

Y a-t-il d'autres circonstances, d'autres phénomènes, qui puissent guider l'agriculteur dans la prévision du temps ?

Il en existe plusieurs que nous allons énumérer, d'après M. Mauvais, membre de l'Académie des sciences :

1° *Les saisons.* — Dans nos climats, au printemps, la pluie et le beau temps se succèdent à de courts intervalles, leurs alternatives sont fréquentes. En été, il y a plus de stabilité dans la constitution météorologique, et les jours de beau temps sont nombreux. En automne, les pluies sont plus fréquentes qu'en été et moins nombreuses qu'au printemps ; mais les averses sont généralement très abondantes.

2° *Les vents.* — Dans la Côte-d'Or, malgré l'irrégularité des terrains, l'étendue des plaines, des vallées, des montagnes, des forêts, des cours d'eau, etc., le vent tourne généralement dans le même sens ; ainsi, après avoir soufflé au sud, il tourne à l'ouest, puis au nord, puis à l'est, puis au sud, et ainsi de suite, stationnant plus ou moins longtemps dans chaque direction ; le vent rétrograde rarement d'une demi-circonférence contre l'ordre que nous venons d'indiquer, plus rarement encore d'une circonférence entière. On peut donc, en général, prévoir la direction future du vent, puisqu'on sait celle qui doit succéder à celle qui règne au moment de l'observation, et cette prévision de la direction future des vents permet de prédire l'état météorologique, si on la rapproche des remarques suivantes :

Les vents de la région sud-ouest sont généralement chauds, humides et pluvieux; au contraire, ceux de la région nord-ouest sont ordinairement froids et secs; ils déterminent souvent un ciel nuageux et couvert, mais plus rarement de la pluie.

On sait aussi que les vents très violents sont un obstacle à la pluie, dont la chute est ordinairement précédée d'un vent modéré et frais.

3° *Le baromètre.* — Lorsque le mercure monte lentement et avec régularité dans le tube barométrique, il indique généralement du beau temps, ou, du moins, un ciel simplement nuageux ou couvert, mais ordinairement sans pluie. Lorsqu'au contraire le mercure descend régulièrement et longtemps, il indique du mauvais temps, et lorsque la baisse du mercure est considérable et très rapide, on peut s'attendre à un vent violent. Lorsque les indications du baromètre s'accordent avec la direction du vent pour indiquer de la pluie ou du beau temps, cette concordance donne à la prévision une plus grande probabilité.

4° *Le soleil.* — Lorsque le soleil se couche par un air très calme, en colorant d'un beau rouge le dessous des nuages dans toute l'étendue du ciel, c'est un indice presque certain du beau temps pour le lendemain.

5° *Les nuages et les brouillards.* — Lorsqu'après la pluie les nuages et les vapeurs qui leur succèdent s'abattent en forme de brouillards et roulent sur la terre, ils indiquent du beau temps; mais lorsqu'ils s'élèvent en formant des masses sombres, ils ne tardent pas à retomber en pluie.

FIN.

TABLE DES MATIÈRES

Avant-propos III

GÉNÉRALITÉS.

Définition de l'agriculture. — Ses divisions 5

CHAPITRE PREMIER.
Des sols et des sous-sols.

Du sol et de sa constitution. 6
Division des sols. 6
Des sous-sols et de leur influence. 7

CHAPITRE II.
Forces et instruments employés pour la préparation du sol.

Des forces 8
Des instruments. 8

CHAPITRE III.
Des animaux domestiques.

Leur définition 10
Leur division 11
Animaux employés dans le département 11
Définition de l'espèce 11
Définition de la race 11
Espèce chevaline; ses races. 12

Elevage du cheval 13
Age du cheval. 13
Nourriture des chevaux 15
De l'âne et du mulet 15
De l'espèce bovine 16
Age de l'utilisation pour le travail de l'espèce bovine. . . 18
Des races de bœufs du département 18
De l'espèce ovine 20
Catégories des moutons 20
De la nourriture des bêtes ovines. 21
De l'espèce porcine. 21
Des races de porcs 22
De la nourriture du porc 23

CHAPITRE IV.
Des assolements.

Définition de l'assolement. 23
Nécessité d'alterner les récoltes 23
Exemple d'assolement 24
Circonstances déterminantes pour le choix de l'alternance. 24

CHAPITRE V.
De la préparation des terres.

Manière de préparer les terres. 25
Action des labours 25
Epoques favorables aux labours. 26
Conditions d'un bon labour 26
Espèces de labours 26
Du défoncement 27
Du défrichement 27

CHAPITRE VI.
Des plantes.

Définition des plantes ou végétaux 28
Organes des plantes. 28
De la sève 29

TABLE DES MATIÈRES.

Division des plantes. 30
Des fleurs des plantes 30
Nutrition des plantes 31
Des plantes agricoles 31
Des fourrages 31
Formation des prairies naturelles 32
Soins à donner aux prairies naturelles 32
Des taupes 33
Proportion des prés. 33
Récoltes des prairies naturelles. 33
Des prairies artificielles 36
La luzerne 36
Le sainfoin 37
Le ray-grass 37
Le trèfle 38
La lupuline ou minette 39
Les vesces 39
Les gesses ou pois jarosses 40
Le maïs fourrage 41
Des racines. 43
La pomme de terre. 43
La betterave 46
La carotte 48
Le navet. 49
Le topinambour 50
Des céréales 52
Le blé. 52
Le seigle. 56
L'orge. 57
L'avoine. 59
Des plantes farineuses autres que les céréales. . . 60
Le sarrasin. 60
Le maïs 61
Le millet et le sorgho 62
La fève 63
Les haricots 64
Les pois et les lentilles 65

TABLE DES MATIÈRES.

Des plantes oléagineuses 65
Le colza et la navette 66
Des plantes oléagineuses et textiles 68
Le chanvre et le lin. 68
Des plantes industrielles et commerciales. 69
Le tabac. 69
Le houblon. 72

CHAPITRE VII.
Des engrais et amendements.

Définition des engrais ou amendements. 78
Des engrais minéraux. 79
La chaux. 79
La marne 80
Le plâtre. 81
Les cendres 81
Le phosphate de chaux. 81
Des engrais organiques. 82
Les plantes enfouies en vert 82
Leurs avantages. 83
Leur emploi 83
Des engrais animaux 83
Des engrais végéto-animaux. 83
Le fumier 83
Conservation du fumier 84
Le purin. 84
De l'engrais normal. 84
Du compost. 85

CHAPITRE VIII.
Conservation des récoltes en meules, gerbiers ou silos.

Des meules et gerbiers. 86
Manière de les établir. 86
Du silo 87

CHAPITRE IX.
Viticulture.

De la vigne 88
Conditions à observer pour la plantation de la vigne. . . 88

Plants les plus répandus. 89
Modes de multiplication de la vigne. 90
Préparation du sol destiné à la plantation de la vigne. . . . 91
Manière de planter la vigne 91
Du provignage 92
Des engrais propres à la vigne. 93
De la taille de la vigne. 93
De la culture de la vigne. 94
Des vendanges et de la manière de faire le vin 94

CHAPITRE X.

Jardinage et arboriculture fruitière.

Du jardin 96
Du verger 97
Multiplication des arbres. 97
Plantation et transplantation des arbres 100
Entretien des arbres 101

CHAPITRE XI.

Des constructions rurales 102

CHAPITRE XII.

De la comptabilité agricole. 104

CHAPITRE XIII.

Des maladies des animaux 106
De la division des maladies 106
Signes de l'état maladif. 106
Premiers soins à donner 106

CHAPITRE XIV.

Des lois qui régissent la vente des animaux 109
Vices rédhibitoires 109

CHAPITRE XV.

Calendrier agricole. 112

CHAPITRE XVI.

Proverbes et dictons agricoles.

Pronostics relatifs aux mois 115
Divers autres proverbes 120

CHAPITRE XVI.

De la prévision des temps 122

FIN DE LA TABLE.

(669) IMP. JOBARD.

CATÉCHISME

AGRICOLE

RÉDIGÉ

Par M. le Dr CUNISSET

CONSEILLER GÉNÉRAL POUR LE CANTON DE POUILLY-EN-AUXOIS

En conformité des délibérations du Conseil général en dates
des 5 avril et 23 août 1875.

O fortunatos nimium, sua si bona norint!
Agricolas!

DIJON

IMPRIMERIE EUGÈNE JOBARD

1877

www.ingramcontent.com/pod-product-compliance
Lightning Source LLC
Chambersburg PA
CBHW060206100426
42744CB00007B/1185